普通高等教育"十二五"规划教材

CAXC

UG NX 8.0
机械设计
基础及应用

U0338266

全国计算机辅助技术认证管理办公室 ◎ 组编

刘民杰 ◎ 主编　张玥 魏峥 胡清明 ◎ 副主编　魏峥 ◎ 主审

教育部CAXC项目指定教材

人民邮电出版社

北 京

图书在版编目（CIP）数据

UG NX8.0机械设计基础及应用 / 刘民杰主编. —— 北京 : 人民邮电出版社，2013.9（2019.9 重印）
教育部CAXC项目指定教材
ISBN 978-7-115-32319-4

Ⅰ. ①U… Ⅱ. ①刘… Ⅲ. ①机械设计—计算机辅助设计—应用软件—教材 Ⅳ. ①TH122

中国版本图书馆CIP数据核字(2013)第200844号

内 容 提 要

　　本书并不单纯讲解软件指令的操作，而是结合丰富的实例资源，从机械设计的角度出发，通过对建模策略的分析详细介绍使用 UG NX 8.0 中文版进行机械设计的流程、方法与技巧。本书共 9 章，具体内容包括：NX 8.0 基础知识、草图、实体建模、装配模块和工程图模块。全书语言通俗易懂、层次清晰，以常用机械零件作为实例并配有教学视频，将软件操作与机械设计相结合，边讲边练。全书案例全部来自工程实践，具有很强的实用性、指导性和良好的可操作性，有利于读者学习后举一反三，在较短的时间内获得较好的学习效果。本书配有光盘，其中有范例源文件和教学视频。

　　本书特别适合作为高等院校机械类专业 CAD 软件实训等相关课程的教材，也可作为工程技术人员和社会培训机构的参考用书。

　◆　主　　编　刘民杰
　　　主　　审　魏　峥
　　　副主编　张　玥　魏　峥　胡清明
　　　责任编辑　马小霞
　　　执行编辑　刘　佳
　　　责任印制　张佳莹

　◆　人民邮电出版社出版发行　　北京市丰台区成寿寺路 11 号
　　　邮编　100164　　电子邮件　315@ptpress.com.cn
　　　网址　http://www.ptpress.com.cn
　　　北京捷迅佳彩印刷有限公司印刷

　◆　开本：787×1092　1/16
　　　印张：17.25　　　　　　　　　　　2013 年 9 月第 1 版
　　　字数：432 千字　　　　　　　　　2019 年 9 月北京第 10 次印刷

定价：48.00 元（附光盘）
读者服务热线：(010)81055256　印装质量热线：(010)81055316
反盗版热线：(010)81055315
广告经营许可证：京东工商广登字 20170147 号

全国计算机辅助技术认证项目专家委员会

主任委员

| 侯洪生 | 吉林大学 | 教授 |

副主任委员

| 张鸿志 | 天津工业大学 | 教授 |
| 张启光 | 山东职业学院 | 教授 |

委　　员（排名不分先后）

杨树国	清华大学	教授
姚玉麟	上海交通大学	教授
尚凤武	北京航空航天大学	教授
王丹虹	大连理工大学	教授
彭志忠	山东大学	教授
窦忠强	北京科技大学	教授
江晓红	中国矿业大学	教授
殷佩生	河海大学	教授
张顺心	河北工业大学	教授
黄星梅	湖南大学	教授
连峰	大连海事大学	教授
黄翔	南京航空航天大学	教授
王清辉	华南理工大学	教授
王广俊	西南交通大学	教授
高满屯	西安工业大学	教授
胡志勇	内蒙古工业大学	教授
崔振勇	河北科技大学	教授
赵鸣	吉林建筑大学	教授
巩绮	河南理工大学	教授

王金敏	天津职业技术师范大学	教授
关丽杰	东北石油大学	教授
马广涛	沈阳建筑大学	教授
张克义	东华理工大学	教授
罗敏雪	安徽建筑大学	教授
胡曼华	福建工程学院	教授
刘万锋	陇东学院	教授
丁玉兴	江苏信息职业技术学院	教授
徐跃增	浙江同济科技职业学院	教授
姚新兆	平顶山工业职业技术学院	教授
黄平	北京技术交易中心	高级工程师
徐居仁	西门子全球研发中心主任	高级工程师
陈卫东	北京数码大方科技有限公司	副总裁
林莉	哈尔滨理工大学	副教授
马麟	太原理工大学	副教授

执行主编

薛玉梅（教育部教育管理信息中心　处长　高级工程师）

执行副主编

于　泓（教育部教育管理信息中心）

徐守峰（教育部教育管理信息中心）

执行编辑

王济胜（教育部教育管理信息中心）

孔　盼（教育部教育管理信息中心）

刘　娇（教育部教育管理信息中心）

王　菲（教育部教育管理信息中心）

党的十八大报告明确提出："坚持走中国特色新型工业化、信息化、城镇化、农业现代化道路，推动信息化和工业化深度融合、工业化和城镇化良性互动、城镇化和农业现代化相互协调，促进工业化、信息化、城镇化、农业现代化同步发展"。

在我国经济发展处于由"工业经济模式"向"信息经济模式"快速转变时期的今天，计算机辅助技术（CAX）已经成为工业化和信息化深度融合的重要基础技术。对众多工业企业来说，以技术创新为核心，以工业信息化为手段，提高产品附加值已成为塑造企业核心竞争力的重要方式。

围绕提高产品创新能力，三维 CAD、并行工程与协同管理等技术迅速得到推广；柔性制造、异地制造与网络企业成为新的生产组织形态；基于网络的产品全生命周期管理（PLM）和电子商务（EC）成为重要发展方向。计算机辅助技术越来越深入地影响到工业企业的产品研发、设计、生产和管理等环节。

2010 年 3 月，为了满足国民经济和社会信息化发展对工业信息化人才的需求，教育部教育管理信息中心立项开展了"全国计算机辅助技术认证"项目，简称 CAXC 项目。该项目面向机械、建筑、服装等专业的在校学生和社会在职人员，旨在通过系统、规范的培训认证和实习实训等工作，培养学员系统化、工程化、标准化的理念，和解决问题、分析问题的能力，使学员掌握 CAD/CAE/CAM/CAPP/PDM 等专业化的技术、技能，提升就业能力，培养适合社会发展需求的应用型工业信息化技术人才。

立项 3 年来，CAXC 项目得到了众多计算机辅助技术领域软硬件厂商的大力支持，合作院校的积极响应，也得到了用人企业的热情赞誉，以及院校师生的广泛好评，对促进合作院校相关专业教学改革，培养学生的创新意识和自主学习能力起到了积极的作用。CAXC 证书正在逐步成为用人企业选聘人才的重要参考依据。

目前，CAXC 项目已经建立了涵盖机械、建筑、服装等专业的完整的人才培训与评价体系，课程内容涉及计算机辅助设计（CAD）、计算机辅助工程（CAE）、计算机辅助制造（CAM）、计算机辅助工艺计划（CAPP）、产品数据管理（PDM)等相关技术，并开发了与之配套的教学资源，本套教材就是其中的一项重要成果。

本套教材聘请了长期从事相关专业课程教学，并具有丰富项目工作经历的老师进行编写，案例素材大多来自支持厂商和用人企业提供的实际项目，力求科学系统地归纳学科知识点的相互联系与发展规律，并理论联系实际。

在设定本套教材的目标读者时，没有按照本科、高职的层次来进行区分，而是从企业的实际用人需要出发，突出实际工作中的必备技能，并保留必要的理论知识。结构的组织既反映企业的实际工作流程和技术的最新进展，又与教学实践相结合。体例的设计强调启发性、针对性和实用性，强调有利于激发学生的学习兴趣，有利于培养学生的学习能力、实践能力和创新能力。

希望广大读者多提宝贵意见，以便对本套教材不断改进和完善。也希望各院校老师能够通过本套教材了解并参与 CAXC 项目，与我们一起，为国家培养更多的实用型、创新型、技能型工业信息化人才！

教育部教育管理信息中心处长

高级工程师　薛玉梅

2013 年 6 月

前言 PREFACE

UG NX 8.0 是 Siemens PLM Software 公司开发的产品生命周期管理（PLM）软件，是当今世界上最先进和高度集成的 CAD/CAE/CAM 高端管理软件之一。NX 的功能覆盖了从产品的概念设计到产品生产的全过程，广泛应用于航空航天、汽车、机械装备、家电及电子等行业的产品设计和制造领域。

"十二五"期间，我国要实现从制造大国向制造强国的转变，机械设计与制造领域将会越来越重视创新与变革，将需要大量基础知识扎实并掌握先进设计工具的人才。UG NX 软件作为使用较为广泛的高端设计制造软件，将有力地帮助产品设计与制造人员提升设计的质量和水平，提高机械设计和制造的效率。

本书共分为 9 章，由浅入深地详细介绍了 NX 软件在机械产品设计中常用的功能，以工程实例为载体，注重实用性和可操作性。本书配有随书光盘，包括各章的典型实例的部件文件及操作视频。本书主要包括以下内容。

UG NX 8.0 概述：包括软件界面、文件操作、工具栏的定制、用户默认设置、首选项设置、鼠标操作和快捷键等。

实体建模基础：包括坐标系与图层设置、基准特征、体素特征、布尔运算和分析功能。

草图特征：包括草图的创建、草图的约束与定位、草图的编辑。

扫描特征：包括拉伸、回转、扫掠和管道等。

设计特征与特征操作：包括凸台、垫块、割槽、键槽、边倒圆和边倒角等。

装配模块：包括装配的概念、装配文件的创建、部件文件的引用、约束和编辑、组件阵列、镜像装配、装配爆炸图和 WAVE 几何链接器。

工程图模块：包括工程图的概念、图纸页的创建与编辑、视图的添加、操作与编辑以及标注和注释的创建。

建议安排 64 学时完成本书各章的学习，学时分配如下。

第 1 章：6 学时；第 2 章：8 学时；第 3 章：8 学时；第 4 章：8 学时；第 5 章：4 学时；第 6 章：6 学时；第 7 章：8 学时；第 8 章：8 学时；第 9 章：8 学时。

本书由天津大学仁爱学院的刘民杰担任主编，天津大学仁爱学院的张玥、山东理工大学的魏峥和齐齐哈尔大学的胡清明担任副主编。其中第 1、3、7 章由刘民杰编写，第 4、5 章由张玥编写，第 6、8 章由魏峥编写，第 2、9 章由胡清明编写。全书由刘民杰统稿，魏峥担任主审。在本书的编写过程中参考了一些作者编写的讲义和文献资料，并得到了人民邮电出版社的大力支持，谨此表示衷心的感谢。

在编写本书的过程中，我们力求精益求精，但难免存在一些不足之处，敬请广大读者批评指正。

编者
2013 年 7 月

CONTENTS

目录

UG NX 8.0 概述

本章介绍 UG NX 8.0 建模的基础知识和一般操作，主要使学生了解 UG NX 8.0 的各功能模块，熟悉软件界面，理解部件导航器的用途以及坐标系和图层的概念。掌握启动和退出 NX 作业、工作环境的配置、体素特征和基准特征的创建、布尔操作和对象分析功能的使用，为后面的学习打好基础，建议安排 6 学时完成本章的学习。

1.1 UG NX 8.0 软件概述

UG NX 8.0 是 Siemens PLM Software 公司开发的产品全生命周期管理（PLM）软件，是当今世界上集成计算机辅助设计、计算机辅助工程和计算机辅助制造（CAD/CAE/CAM）等功能模块的高端管理软件之一，能够提供全方位的产品工程解决方案。目前，Siemens PLM Software 公司在全球拥有近 5 万个客户，其中包括波音公司、通用电气、通用汽车、松下、惠普等全球领先的产品制造商。

UG NX 是产品全生命周期管理领域的领先系统，能够提供包括概念设计、工业设计、机械设计、工程分析和数字化制造等贯穿产品全生命周期各阶段的解决方案。

1.1.1 UG NX 软件的功能模块

UG NX8.0 由 CAD、CAE 和 CAM 等多个功能模块组成，各应用模块由一个必备的应用模块"UG NX 基本环境（NX Gateway）"提供支持。每个用户必须安装 NX Gateway，而其他功能模块是可选装并且可按用户需求进行配置。

1．计算机辅助设计 CAD 模块

CAD（Computer Aided Design）模块是 UG NX 8.0 最基础也是最重要的模块，包括建模、装配和工程图等子模块，为产品的设计提供了整体的 CAD 解决方案。

（1）建模模块

建模模块支持用户以交互的方式创建并编辑复杂的产品模型。建模功能提供了包括草图、曲线、实体、特征及曲面等工具在内的产品几何结构设计的各种功能工具。

（2）装配模块

装配模块提供了自底向上、自顶向下和并行的产品装配模型创建方案，用于部件装配的创建。装配模块提供了装配模型与零件模型的关联，零件的任何改变都会在装配模型中实时更新。

（3）工程图模块

工程图模块可根据零件模型或装配模型自动创建二维工程图，工程图中的各视图、尺寸标注等都与三维模型关联。该模块支持 GB、ISO、ANSI、DIN、JIS 等多种工程图标准。

2．计算机辅助工程 CAE 模块

CAE（Computer Aided Engineering）模块主要提供产品的机构运动仿真与有限元分析。

（1）机构运动仿真。

该模块建立在建模与装配基础上，能够提供二维和三维机构的运动学分析和动力学分析，用户可根据仿真结果提前预估和发现产品结构上的设计缺陷或运动干涉。

（2）有限元分析

有限元分析是 CAE 的重要组成部分，通过有限元分析可以进行产品受力变形分析、模态分析和失效分析等。该模块可以将 CAD 模型按照解算要求转化为有限元模型，对模型进行前处理，然后调用解算器进行求解。UG NX 8.0 支持 NX Nastran、Abaqus 等。

3．计算机辅助制造 CAM 模块

该模块可针对加工对象的特点选择工艺方式，并根据不同的工艺方式提供相关的加工策略支持。CAM 包括刀具路径规划、加工模拟仿真和后处理生成数控机床加工程序等功能，大大降低了工艺成本，提高了产品制造效率。

1.1.2　启动 NX 作业

选择桌面左下角的"开始→程序→Siemens NX 8.0→NX 8.0"命令，或双击桌面上的 NX 8.0 图标 ，启动 NX 软件，进入初始界面，如图 1.1 所示。在初始界面用户可以创建或打开文件。

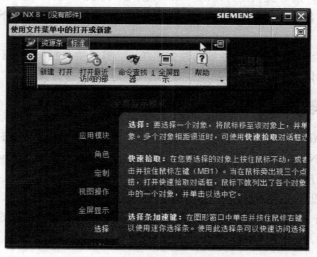

图 1.1　NX8.0 初始界面

1.1.3　UG NX 8.0 软件界面

在初始界面的【标准】工具栏上单击【新建】按钮 ，系统打开【新建】对话框，选择【模型】，默认文件名和文件目录，单击【确定】按钮，打开 NX 8.0 的工作界面，如图 1.2 所示。

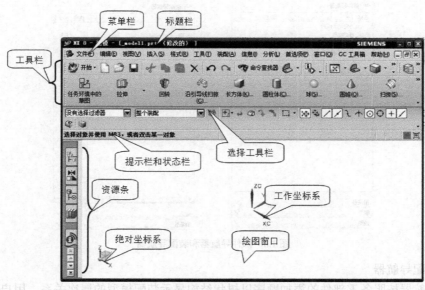

图 1.2 NX 8.0 的工作界面

1．标题栏

标题栏显示软件版本、调用的模块、当前文件名称以及修改状态。

2．菜单栏

单击菜单栏中的各项均可打开各层子菜单，菜单栏中各项包括了 UG NX 8.0 的大部分功能。用户可根据需要选择相应的菜单来实现命令的调用。

3．工具栏

以按钮的方式提供各种常用工具命令的快捷激活，有利于提高操作速度。为了使工作界面简洁，并不把所有的命令都显示在工具栏上，用户可根据需要对工具栏进行定制。此外，将光标移到工具栏上的某个按钮上时会实时显示该命令的提示信息。

4．选择工具栏

选择工具栏包括【类型过滤器】下拉列表和【选择范围】下拉列表，用于过滤对象的某些特征作为备选项，另外还包括多个捕捉按钮，不同的命令激活状态下，有不同的按钮可供选择，选择对象时用户可根据实际需要选择。

5．提示栏和状态栏

提示栏显示命令执行的过程中该命令所需要用户做出的下一步操作，状态栏用于显示当前操作步骤或者当前操作结果。

6．资源条

资源条中有多个资源选项，单击每个选项按钮都会打开相应的资源板。图 1.3 所示为建模常用的部件导航器和装配导航器。

（1）部件导航器

显示部件模型的特征历史记录，部件导航器将建模工作所创建的每一步操作按照先后顺序进行记录并以树形结构显示。在这个树形结构中可以很清楚地显示模型各特征之间的继承关系，并可以对这些特征进行相关的编辑。

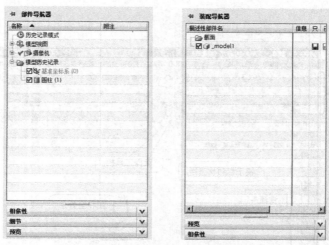

图 1.3　部件导航器和装配导航器

（2）装配导航器

装配导航器按照各零部件的添加顺序以树状结构显示装配模型的层次关系，用户可根据需要对装配树中的各组件进行编辑。

1.1.4　文件的新建、保存和打开

1．新建文件

选择菜单命令"文件→新建"，或单击标准工具栏中的【新建】按钮，系统打开【新建】对话框，如图 1.4 所示。

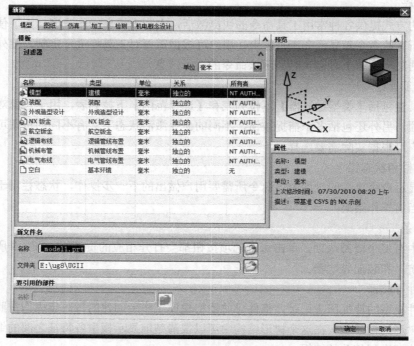

图 1.4　文件【新建】对话框

该对话框提供了【模型】、【图纸】、【仿真】、【加工】、【检测】和【机电概念设计】6 个选项卡按钮，分别用于指定所要创建文件的类型。在每个选项卡中还包括很多模板，如图 1.4 所示，【模型】模板中包括【模型】、【装配】和【外观造型设计】等多个模板可供使用。

此外，还可在该对话框中设置新建文件的单位、文件名和存储目录，但要特别注意的是 UG NX 8.0 不支持中文目录和文件名。完成设置后单击【确定】按钮，完成新文件的创建。

【例 1.1】 新建模型文件"Example-1"，单位设置为"mm"，并设置存储路径为"F:\NX\Example"。

① 选择菜单命令"文件→新建"，系统打开【新建】对话框，选择【模型】选项卡，在【单位】下拉列表中选择"毫米"，并选择【模型】模板，如图 1.5 所示。

图 1.5 模型的文件名和单位设置

② 在【新文件名】选项组中的【名称】栏中输入文件名"Example-1"。

③ 单击【新文件名】选项组中的【文件夹】输入栏后面的【文件夹】按钮，系统打开【选择目录】对话框，在 F 盘中寻找已创建的文件夹，若没有指定的文件夹可直接在【目录】输入框中输入"F:\NX\Example"，单击其后的【确定】按钮，系统打开提示信息询问是否新建文件目录，单击【信息】对话框中的【确定】按钮，系统返回【新建】对话框并创建文件的存储目录文件夹，单击【确定】按钮，完成文件的创建，如图 1.6 所示。

2．打开文件

选择菜单命令"文件→打开"，或单击标准工具栏中的【打开】按钮，系统打开【打开】对话框，如图 1.7 所示。

通过【查找范围】下拉列表选择文件查找的路径，可以勾选【预览】复选框打开文件的预览，对话框的左下角区域提供了模型加载选项。选择需要打开的文件后单击【OK】按钮。

上述创建命令有【建模】、【图纸】、【仿真】、【加工】、【检测】、【机电概念设计】6 个大类，
……该目录的创建方法，其中每个对话框分别是图……
……【模型】、【图纸】、【仿真】……
……【装配】、【外观造型设计】……与上机操作。如果该目录不存在，系统打开 UG NX
8.0 不存在……
……Example……
……新文件名……【确定】……

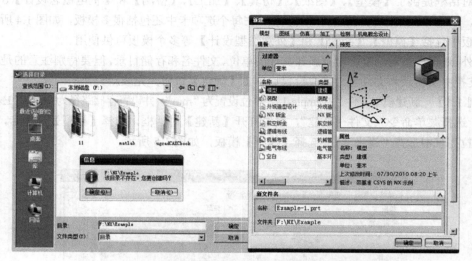

图 1.6　模型文件的目录选择

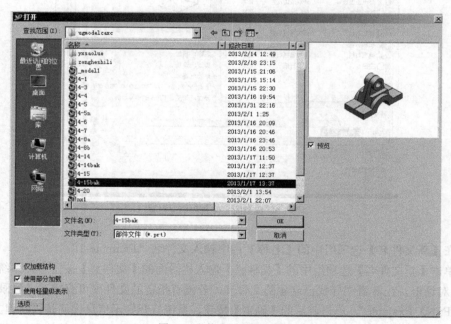

图 1.7　文件【打开】对话框

3．文件的保存

选择菜单命令"文件→保存"，或单击标准工具栏中的【保存】按钮，系统自动将文件保
存到创建文件的初始目录。

选择菜单命令"文件→另存为"，系统打开【另存为】对话框，如图 1.8 所示，不仅可以为文
件指定新的存储路径和文件名，而且还可以在【文件类型】下拉列表中选择文件存储的数据格式。
完成相关设置后单击【OK】按钮。

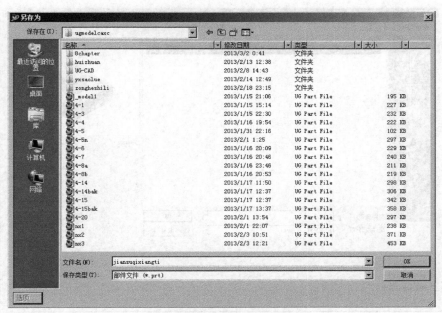

图 1.8　文件【另存为】对话框

1.1.5　NX 视图操作

1．视图的渲染方式

选择【视图】工具栏中的【渲染】下拉列表可以切换对象的显示方式，如图 1.9 所示。

2．视图的定向

选择【视图】工具栏中的【定向视图】下拉菜单可以将对象视图定向为系统默认的 8 种标准视图，这些视图以绝对坐标系作为参照，如图 1.10 所示。

图 1.9　视图渲染工具

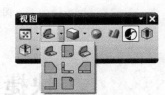

图 1.10　视图定向工具

【例 1.2】　在随书光盘的 UG NX Sample 文件夹中打开 "cha1\ Example-1.prt"，设置其着色方式为【带边着色】，视图定向为【正等测视图】。

① 选择菜单命令 "文件→打开"，系统打开【打开】对话框，勾选【预览】复选框，并选择指定文件，单击【确定】按钮，如图 1.11 所示。

② 打开 "Example-1.prt"，在视图工具栏中的【渲染】下拉列表中选择【 🟢 带边着色(A) 】，在【定向视图】下拉列表中选择【 🖌️正等测视图】，结果如图 1.12 所示。

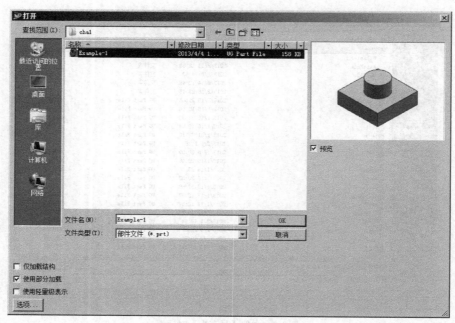

图 1.11　打开 "Example-1.prt"

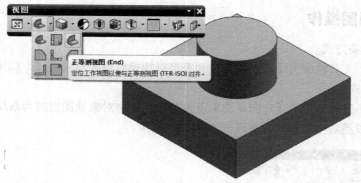

图 1.12　视图的着色与定向

1.2 快捷菜单与工具栏定制

1.2.1　快捷菜单定制与工具栏显示

在软件界面中用户可以通过快捷菜单或工具栏调用相关命令，但经常会发现所需要的功能命令并没有在快捷菜单或者工具栏中显示，这时可根据需要定制相关的功能命令。

选择菜单命令"工具→定制"，系统打开【定制】对话框，如图 1.13 所示。该对话框包括【工具条】、【命令】、【选项】、【布局】和【角色】选项卡。

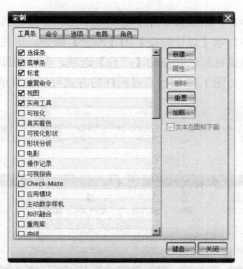

图 1.13 【定制】对话框

1. 定制工具条

选择【工具条】选项卡，在列表框中显示的是各种工具条，若对应条目前面的复选框已勾选，表示已调用该工具条。通过对应条目前面的复选框是否被勾选，可控制对应工具条是否被调用，这时用户可用鼠标按住该工具条的黑色边框将其拖到工具栏的某个位置，若将工具条拖到工具栏中称为"入坞"，如图 1.14 所示。

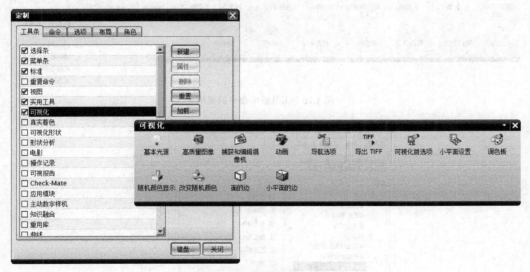

图 1.14 调用【可视化】工具条

对于在工具栏中显示的工具条，用鼠标按住工具条最前端会出现十字光标，此时可将该工具条拖动到窗口界面，称为"出坞"，如图 1.15 所示。此时可以单击【关闭】按钮✕关闭该工具条，也可选择右上角的【添加或移除】按钮▾对工具条中的各命令进行调用设置，如图 1.16 所示。

2. 定制快捷菜单

选择【命令】选项卡，在类别框中显示的是各种菜单项，在命令框中显示的是类别框中被选

9

中的菜单项中包含的各种命令，这些命令并不全部显示在软件界面的菜单栏中。如图 1.17 所示，如果想在【插入】菜单栏中显示【设计特征】的【凸台】命令，可在类型栏框选择【设计特征】选项，并在【命令】框中用鼠标按住并拖动【凸台】选项，可按住鼠标左键将其拖到快捷菜单的对应位置并释放鼠标左键，如图 1.18 所示。以同样的方式可以将菜单栏中已有的命令拖出关闭。

图 1.15　拖动工具条出坞

图 1.16　工具条中命令的调用

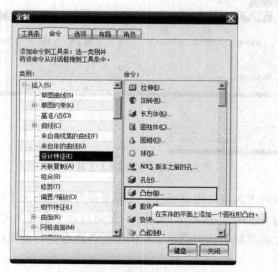

图 1.17　定制快捷菜单【命令】选项卡

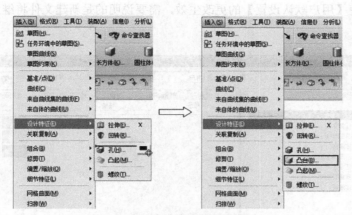

图 1.18 快捷菜单命令的调用与显示

1.2.2 命令检索工具

选择菜单命令"帮助→命令查找器",系统打开【命令查找器】对话框,如图 1.19 所示。如果需要搜索【拉伸】命令,可在【搜索】框中输入命令名称,单击【查找命令】按钮 ,将会在对话框中显示与【拉伸】命令相匹配命令的调用路径。在【设置】选项中可以设置搜索命令的范围和显示结果。

图 1.19 【命令查找器】的使用

1.2.3 用户默认设置的定制

【用户默认设置】涵盖了许多功能和对话框以及参数的初始设置,NX 提供用户通过编辑其中各项来定制个性化的工作环境。对【用户默认设置】的更改需要重启 NX 后才能生效。

选择菜单命令"文件→实用工具→用户默认设置",系统打开【用户默认设置】对话框,如图 1.20 所示。可以根据用户需要定制个性化的工作环境,设置完成后单击【确定】按钮,退出对话框，重启 NX 使【用户默认设置】的更改生效，需要说明的是新建文件将继承对【用户默认设置】的更改。

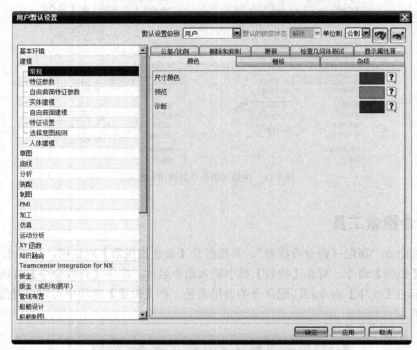

图 1.20　【用户默认设置】对话框

1.2.4　首选项设置

在【首选项】菜单中可以设置对象显示、用户界面、背景、建模、装配等和当前文件相关的设置，如图 1.21 所示。如果要编辑界面的背景，可以选择菜单命令"首选项→背景"，系统打开【编辑背景】对话框，如图 1.22 所示，用户可根据需要设置当前工作环境的背景颜色，需要说明的是新建文件不继承对【首选项】的更改。

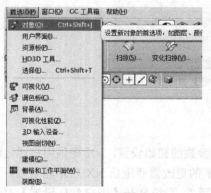

图 1.21　首选项菜单

图 1.22　首选项编辑背景对话框

1.3 鼠标操作和键盘快捷键

1.3.1 鼠标操作

在 NX 作业中需要频繁地使用鼠标，熟练掌握鼠标的使用方法特别重要，表 1.1 列出了鼠标左键 MB1、中键 MB2 和右键 MB3 的操作及其和其他热键组合操作的意义。

表 1.1	鼠标操作的功能描述
鼠 标 操 作	功 能 描 述
单击 MB1	用于选择菜单命令或图形窗口中的对象
单击 MB2	相当于当前对话框的默认按钮，多数情况下单击 MB2 为确定
单击 MB3	显示快捷菜单
Shift+MB1	在图形窗口中可取消对已选择对象的选取，在列表框中选中连续区域的所有条目
Ctrl+MB1	在列表框中选择多个条目
按住并拖动 MB2	在图形窗口中旋转对象
MB2 滚轮上下滚动	在图形窗口中缩放对象
按住并拖动 MB2+MB3 或 Shift+MB2	在图形窗口中平移对象
按住并拖动 MB1+MB2 或 Ctrl +MB2	在图形窗口中缩放对象

1.3.2 键盘快捷键

快捷键的使用可以大大提高命令访问的速度，提高作业效率，表 1.2 列出了系统默认的常用快捷键，用户也可根据需要定制或更改这些快捷键的设置。

表 1.2		常用快捷键		
键 盘 按 键	功 能 描 述	键盘按键	功 能 描 述	
F1	激活联机帮助	Ctrl+J	激活编辑对象显示	
F2	重命名	Ctrl+ M	进入建模模块	
F3	对话框激活状态时，切换对话框的显示/隐藏	Ctrl+N	新建文件	
F4	显示信息窗口	Ctrl+O	打开文件	
F5	刷新视图	Ctrl+ T	激活移动对象	
F6	激活/退出区域缩放模式	Ctrl+ Shift+B	调到显示与隐藏	
F7	激活或退出旋转模式	Ctrl+ Shift+D	进入工程图模块	
F8	调整视图与对象当前位置最接近的正交视图	Ctrl+ Shift+K	从隐藏的对象中选择要显示的对象	
Ctrl+B	隐藏所选对象	Ctrl+ Shift+U	全部显示	
Ctrl+F	适合窗口显示	Esc	取消选择或退出当前命令	

1.4 坐标系

1.4.1 UG NX 的坐标系简介

坐标系是用来描述空间物体相对位置的参照，在 UG NX 中 X 轴、Y 轴和 Z 轴的方位利用右手笛卡尔直角坐标系规定，3 个坐标轴的交点为坐标原点。NX 建模环境中常用的坐标系包括绝对坐标系（Absolute Coordinate System，ACS）、工作坐标系（Working Coordinate System，WCS）和基准坐标系 CSYS，如图 1.23 所示。

1．绝对坐标系

绝对坐标系是软件环境中固定的坐标系，不允许用户编辑和修改，可作为其他坐标系和模型对象的绝对基准。

2．工作坐标系

工作坐标系直接或间接参照绝对坐标系来定向和定位，用户可以根据建模需要对 WCS 的显示和坐标轴方位以及原点位置进行编辑和修改，WCS 是全局坐标系，一个部件文件中只允许有一个工作坐标系。

3．基准坐标系

基准坐标系主要用于构建特征时的基准，它是局部坐标系，可在一个部件中创建多个基准坐

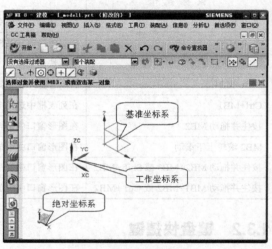

图 1.23　NX 的坐标系统

标系，每个基准坐标系都包含 3 个基准平面、3 个基准轴和一个基准原点，用户可根据需要单独选择任意一个对象。

1.4.2 坐标系的操作

1．工作坐标系的显示编辑

单击【实用工具】栏中的【显示 WCS】按钮，在图形窗口将显示 WCS。在图形窗口中双击 WCS 图标，或单击【实用工具】栏中的【定向 WCS】按钮，或选择菜单命令"格式→WCS→定向"，系统打开设置工作坐标系的【CSYS】对话框，此时 WCS 在图形窗口高亮显示，可以在 WCS 定向对话框中为坐标系指定原点、坐标轴方位以及参考系，如图 1.24 所示。

【例 1.3】　如图 1.25 所示，将 WCS 的原点设置为实体的左上角点，X 轴绕 Z 轴旋转 90°，操作方法如下。

① 单击【实用工具】栏中的【定向 WCS】按钮，系统打开定向 WCS 的【CSYS】对话框，WCS 高亮显示，此时在矩形实体上选择如图 1.24 所示的角点，其余各项按图 1.26 所示设置，单击【确定】按钮。

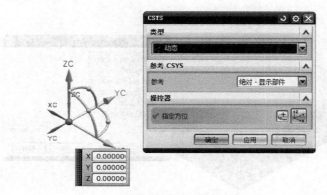

图 1.24　定向 WCS 对话框

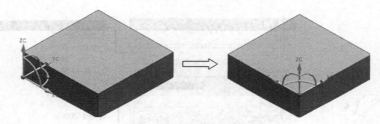

图 1.25　重新定向与旋转 WCS

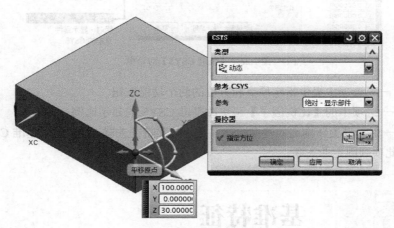

图 1.26　为 WCS 指定新原点

② 选择菜单命令"格式→WCS→旋转",打开【旋转 WCS】对话框,选择【+ZC 轴:XC→YC】选项,如图 1.27 所示,单击【确定】按钮完成旋转。

2. 基准坐标系的显示编辑

单击【特征】工具栏中的【基准 CSYS】按钮，或选择菜单命令"插入→基准/点→基准 CSYS",系统打开【基准 CSYS】对话框,如图 1.28 所示。

【类型】——下拉列表中提供了用于构造基准 CSYS 的多种方式,用户可根据实际建模工作的需要进行选择。

【参考 CSYS】——选项用于指定新构造的基准 CSYS 是以哪个坐标系为参考来创建的。

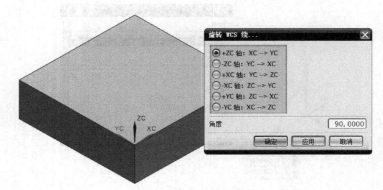

图 1.27　旋转 WCS

图 1.28　【基准 CSYS】对话框

【操控器】——选项中提供指定原点和方位的两个功能按钮。

【设置】——选项中的【比例因子】可更改基准 CSYS 的显示比例。

【关联】——用于设置新构造的基准 CSYS 是否与父特征关联，勾选此项基准 CSYS 关联而不固定，若取消此项则固定非关联。

1.5　基准特征

除 1.4 节讲到的基准坐标系 CSYS 外，基准特征还包括基准平面、基准轴和基准点。用户可根据不同的需要创建基准特征，如扫描特征中的基准矢量、创建孔特征时需指定的中心点以及在圆柱面上创建键槽所需要的基准平面等。

1.5.1　基准平面

单击工具栏中的【基准平面】按钮□，或选择菜单命令"插入→基准/点→基准平面"，系统打开【基准平面】对话框，如图 1.29 所示。

图1.29 【基准平面】对话框

【例1.4】 创建基准平面1与基准CSYS的*XY*平面平行，偏置距离20mm，基于基准平面1创建基准平面2，绕*X*轴与基准平面1夹角为60°。

① 单击【特征】工具栏中的【基准平面】按钮 □，系统打开【基准平面】对话框，在【类型】下拉列表中选择【自动判断】，选择基准CSYS的*XY*平面，其余参数如图1.30所示，单击【应用】按钮，完成基准平面1的创建。

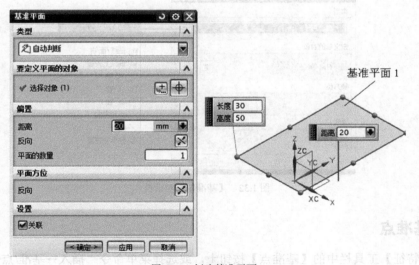

图1.30 创建基准平面1

② 在【基准平面】对话框中的【类型】下拉列表中选择【成一定角度】，选择基准平面1作为【平面参考】，选择*X*轴为【通过轴】，其余参数如图1.31所示，单击【确定】按钮，完成基准平面2的创建。

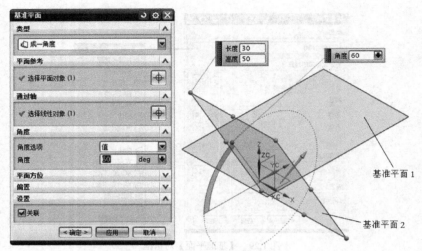

图 1.31　创建基准平面 2

1.5.2　基准轴

单击【特征】工具栏中的【基准轴】按钮 ，或选择菜单命令"插入→基准/点→基准轴"，系统打开【基准轴】对话框，如图 1.32 所示。在【类型】下拉列表中提供了多种创建基准轴的方式。

图 1.32　【基准轴】对话框

1.5.3　基准点

单击【特征】工具栏中的【基准点】按钮 ，或选择菜单命令"插入→基准/点→点"，系统打开【点】对话框，如图 1.33 所示。在【类型】下拉列表中提供了多种创建基准点的方式。

【例 1.5】　创建图 1.34 所示的基准点和基准轴。

① 在随书光盘的 UG NX Sample 文件夹中打开"cha1\ Example-2.prt"。

② 单击【特征】工具栏中的【基准点】按钮 ，或选择菜单命令"插入→基准/点→点"，系统打开【点】对话框，在【类型】下拉列表中选择【 两点之间】，选择图 1.35 所示边 1 的两个端点，在位置百分比中输入"40"，单击【应用】按钮，创建了基准点 1。以同样的方式在边 2 上创

建基准点 2，如图 1.36 所示。

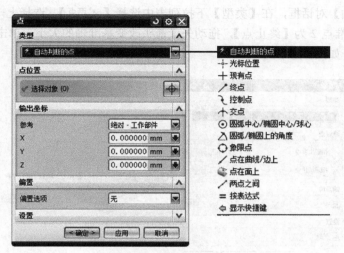

图 1.33 【基准点】对话框

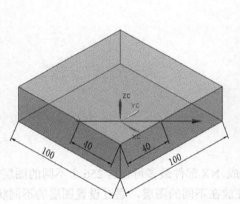

图 1.34 基准点和基准轴的创建

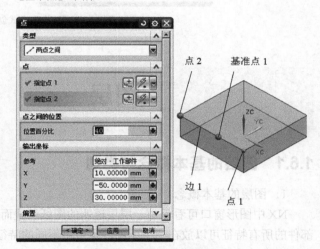

图 1.35 基准点 1 的创建

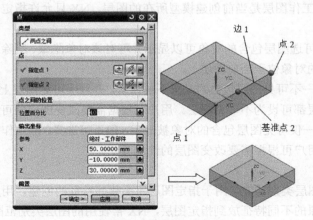

图 1.36 基准点 2 的创建

③ 单击【特征】工具栏中的【基准轴】按钮，或选择菜单命令"插入→基准/点→基准轴"，系统打开【基准轴】对话框，在【类型】下拉列表中选择【两点】，选择上一步创建的基准点 1 为【出发点】，基准点 2 为【终止点】，拖动矢量箭头改变基准轴的大小，单击【确定】按钮，完成基准轴的创建，如图 1.37 所示。

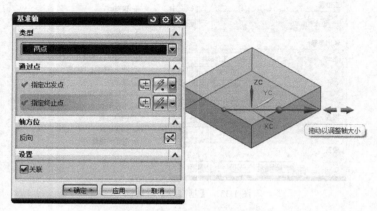

图 1.37　【两点】方式创建基准轴

　图层

1.6.1　图层的基本概念与类别

1．图层的基本概念

NX 中图形窗口可看作由一层层透明的图纸层叠而成，NX 部件最多可包含 256 个不同的图层，部件的所有特征可以放在一个图层，也可将不同的特征放在不同的图层，通过设置图层的不同状态可以有效地管理和组织部件中的对象。

【工作图层】——工作图层是当前创建模型所在的图层，NX 只允许指定一个图层作为当前工作图层。

【可选图层】——可选图层包含的对象可以显示并可对该对象隐藏、删除或者基于该对象创建其他对象，但新创建的对象位于当前图层上。

【不可见图层】——不可见图层包含的对象不被显示，并且不可见图层上的对象不可选择，除工作图层外任何其他层都可设为不可见图层。用户可根据需要改变图层的可见性。

【仅可见图层】——仅可见图层包含的对象被显示，但不可选择，除工作图层外任何其他层都可设为仅可见图层。用户可根据需要改变图层的性质。

2．图层的类别

NX 提供了指定图层类别功能，用于指定图层用于哪些特征的创建，用户可根据需要对图层类别进行设置，将对象的不同特征放到指定图层，NX 常使用的图层类别范围见表 1.3。

图　层　号	图　层　类　别
1～20	实体（Solid Body）
21～40	草图（Sketch）
41～60	曲线（Curve）
61～80	基准对象（Datum）

表 1.3　　　　　　　　　　　　常用图层类别范围

1.6.2　图层的操作

选择菜单命令"格式→图层设置"，系统打开【图层设置】对话框，如图 1.38 所示。

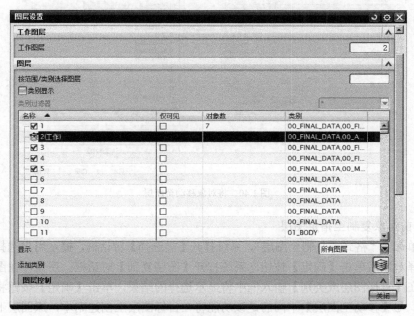

图 1.38　【图层设置】对话框

1．选择工作图层

在【工作图层】的数字输入框中输入需要设为当前层的层号，单击回车键，或双击目标图层栏，此时工作图层前面的图标变为工作状态【　2(工作)】，对其他图层可勾选对应属性的复选框来改变图层的属性。

2．工作类别的创建与移动

单击【图层设置】对话框中的【添加类别】按钮，在名称列表中会显示新创建的类别，如图 1.39 所示，用户可以对新创建的类别进行命名，并可选择需要的图层归集到新创建的图层类别中。

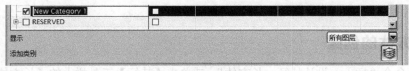

图 1.39　创建图层类别

3．将当前对象移动至指定图层

选择菜单命令"格式→移动至图层"，系统打开【类选择】对话框，提示用户选择要改变图层的对象，选择对象后单击【确定】按钮，系统打开【图层移动】对话框，用鼠标在图层列表中选择目标层，在【目标图层或类别】输入框中将显示选择的结果，单击【确定】按钮将指定对象移动至目标层，如图 1.40 所示。

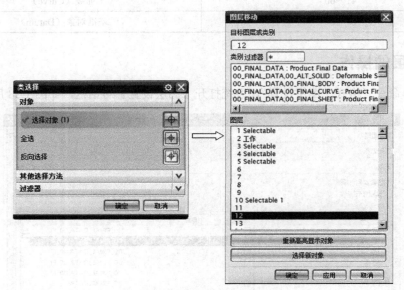

图 1.40　将对象移动至新层

4．将当前对象复制至指定图层

选择菜单命令"格式→复制至图层"，系统打开【类选择】对话框，提示用户选择要改变图层的对象，选择对象后单击【确定】按钮，系统打开【图层复制】对话框，用鼠标在图层列表中选择目标层，在【目标图层或类别】输入框中将显示选择的结果，单击【确定】按钮将指定对象移动至目标层。与【移动至图层】不同的是该功能将在目标图层上创建副本，原图层上的对象仍然保留。

1.7　体素特征

体素特征是一个基本解析形状的实体，包括长方体、圆柱体、圆锥体和球体四种。每个体素特征的形状都是参数化的，其位置只相对于模型空间，一般只将体素特征作为建立模型的第一个特征。

1.7.1　长方体的创建

选择菜单命令"插入→设计特征→长方体"，或单击【特征】工具栏上的【长方体】按钮，系统打开【块】对话框，在【类型】下拉列表中可选择创建长方体的方式，如图1.41所示，选择【原点和边长】的方式创建长方体需指定长方体的原点和尺寸参数，单击【确定】按钮完成长方体的创建。

图1.41　创建长方体对话框

1.7.2　球体的创建

选择菜单命令"插入→设计特征→球"，或单击【特征】工具栏上的【球】按钮，系统打开【球】对话框，在【类型】下拉列表中可选择创建球体的方式。【中心点和直径】方式需要指定球体的中心和直径参数，如图1.42所示，单击【确定】按钮完成球体的创建。

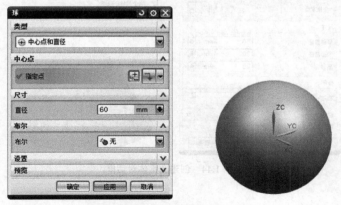

图1.42　创建球体对话框

1.7.3　圆柱体的创建

选择菜单命令"插入→设计特征→圆柱体"，或单击【特征】工具栏上的【圆柱体】按钮，系统打开【圆柱体】对话框，在【类型】下拉列表中可选择创建圆柱体的方式，常用的【轴、直径和高度】方式需指定圆柱体的轴线、中心和尺寸参数，如图1.43所示，单击【确定】按钮完成圆柱的创建。

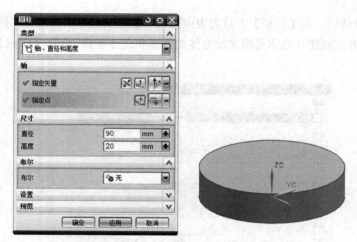

图 1.43　创建圆柱体对话框

1.7.4　圆锥体的创建

选择菜单命令"插入→设计特征→圆锥",或单击【特征】工具栏上的【圆锥】按钮，系统打开【圆锥】对话框,在【类型】下拉列表中可选择创建圆锥体的方式。常用的【直径和高度】方式需指定圆锥体的轴向、中心点和尺寸参数,如图 1.44 所示,单击【确定】按钮完成圆锥体的创建。

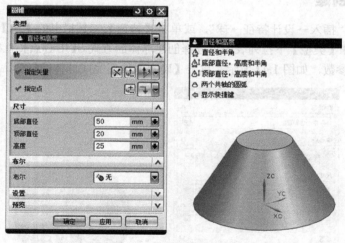

图 1.44　创建圆锥体对话框

1.8　布尔运算

1.8.1　布尔运算的基本概念

在建模过程中,将两个或多个对象组合成单个对象的运算称为布尔运算或布尔操作。布尔运算的对象可以是实体或片体，在对片体进行布尔操作时会有一定的限制。实体建模时某些命令执行的过程中系统会提示用户选择合适的布尔操作，用户也可根据需要创建独立的布尔操作。

在进行布尔运算时，有以下两种类型的对象。

1．目标体

布尔运算将工具体添加到目标体上，并将修改后的目标体作为布尔运算的结果，同一次布尔运算只能有一个目标体。

2．工具体

布尔运算的工具体作为添加到目标体上的对象，对目标体进行修改，并作为目标体的一部分，同一次布尔运算允许有多个工具体。

1.8.2 布尔运算的各项操作

布尔运算包括三种类型：【求和】、【求差】和【求交】。

1．求和操作

单击【特征】工具栏中的【求和】按钮🔧，系统打开【求和】对话框，指定目标体和工具体，单击【确定】按钮，完成对象的求和操作，如图 1.45 所示，从图中可看出求和运算后的结果继承目标体的属性。

图 1.45 【求和】操作

需要指出的是工具体必须和目标体有包含关系或有接触面，否则无法完成求和操作，如图 1.46 所示。

图 1.46 工具体完全在目标体之外

2．求差操作

单击【特征】工具栏中的【求差】按钮 🔳，系统打开【求差】对话框，指定目标体和工具体，单击【确定】按钮，完成对象的求差操作，如图 1.47 所示，将从目标体减掉两个工具体。【求差】操作时目标体和工具体必须有相互包含的部分。

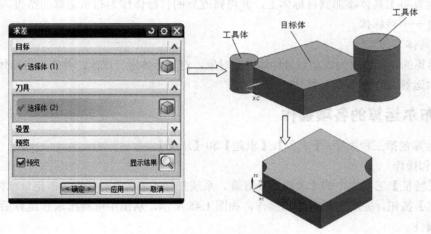

图 1.47　【求差】操作

3．求交操作

单击【特征】工具栏中的【求交】按钮 🔳，系统打开【求交】对话框，指定目标体和工具体，单击【确定】按钮，完成对象的【求交】操作，如图 1.48 所示，求交的结果为目标体和工具体的相交部分，且继承目标体的属性。【求交】操作的目标体和工具体必须有相互包含的部分。

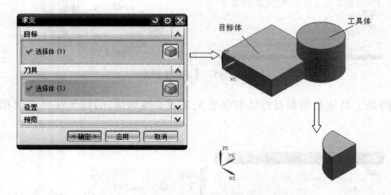

图 1.48　【求交】操作

1.9　分析功能

选择菜单栏中的【分析】选项，NX 提供了满足多种需求的模型分析工具，最常用的分析工具为【测量距离】、【测量角度】、【测量体】，如图 1.49 所示。

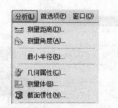

图 1.49 【分析】下拉菜单

1.9.1 测量距离

选择菜单命令"分析→测量距离"，系统打开【测量距离】对话框，如图 1.50 所示。在【类型】下拉列表中选择测量距离的方式，用鼠标指定测量对象实现距离的测量。

【例 1.6】 在随书光盘的 UG NX Sample 文件夹中打开"cha1\ Example-3.prt"，测量图 1.51 所示模型中的两孔距离、圆角半径和斜边在 YC 轴方向的尺寸。

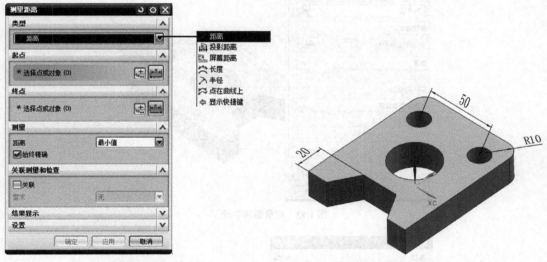

图 1.50 【测量距离】对话框   图 1.51 【测量距离】实例模型

1．测量两孔中心距离

在【测量距离】对话框的【类型】列表中选择【距离】选项，用鼠标捕捉并选择两孔的圆心作为起点和终点，结果如图 1.52 所示，单击【应用】按钮，重新回到【测量距离】对话框。

2．测量圆角半径

在【测量距离】对话框的【类型】列表中选择【半径】选项，用鼠标选择要测量的圆角，结果如图 1.53 所示，单击【应用】按钮，重新回到【测量距离】对话框。

3．斜边在 Y 轴方向的尺寸

在【测量距离】对话框的【类型】列表中选择【投影距离】选项，窗口中会出现投影矢量坐标系，选择与 Y 轴同向的坐标矢量，然后用鼠标点选斜边的连个端点，结果如图 1.54 所示，单击【确定】按钮，退出【测量距离】对话框。

图 1.52　测量两孔中心距离

图 1.53　测量圆角半径

图 1.54　投影尺寸的测量

1.9.2 测量角度

选择菜单命令"分析→测量角度",系统打开【测量角度】对话框,如图 1.55 所示。在【类型】下拉列表中选择测量角度的方式,用鼠标指定测量对象实现角度的测量。

【例 1.7】 在随书光盘的 UG NX Sample 文件夹中打开"cha1\ Example-3.prt",测量图 1.56 所示模型中所标注的两个角度。

图 1.55 【测量角度】对话框

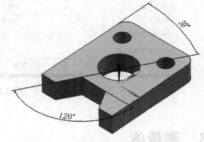

图 1.56 【测量角度】实例模型

1. 测量 30°角

在【测量角度】对话框的【类型】列表中选择【按对象】选项,用鼠标选择第一个参考和第二个参考,结果如图 1.57 所示,单击【应用】按钮,重新回到【测量角度】对话框。

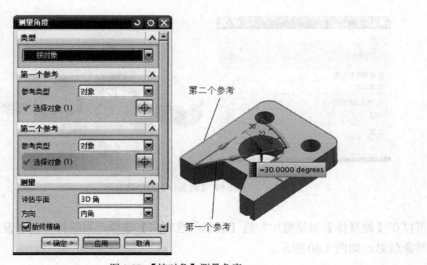

图 1.57 【按对象】测量角度

2．测量 120°角

在【测量距离】对话框的【类型】列表中选择【按 3 点】选项，用鼠标选择基点、极限的终点和量角器的终点，结果如图 1.58 所示，单击【确定】按钮，退出【测量角度】对话框。

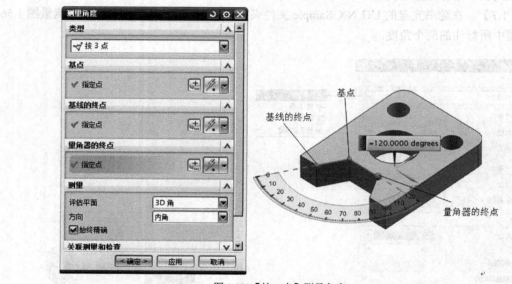

图 1.58　【按 3 点】测量角度

1.9.3　测量体

选择菜单命令"分析→测量体"，系统打开【测量体】对话框，如图 1.59 所示。用鼠标指定测量对象，系统在图形窗口中打开动态显示框，在动态显示框的下拉列表中可以选择需要显示的体的信息。

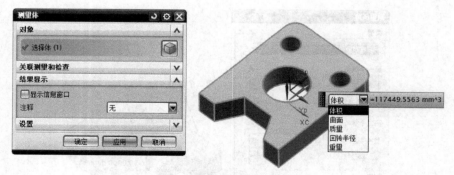

图 1.59　【测量体】的动态显示

可以在【测量体】对话框中勾选【显示信息窗口】选项，系统打开信息窗口显示更为全面的被测对象信息，如图 1.60 所示。

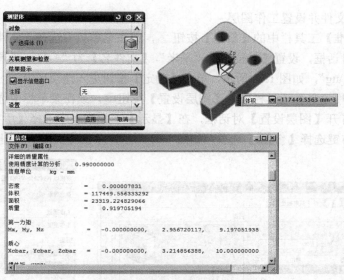

图 1.60 【测量体】的信息窗口

1.10 体素特征建模综合练习

【**例 1.8**】 利用体素特征创建图 1.61 所示的实体模型，文件命名为"1-1"，工作层设置为第 10 层，WCS 的原点设置为圆柱前端面的中心并以 *XC* 作为圆柱的轴向，测量圆柱前端面中心到圆锥台顶面中心的尺寸。

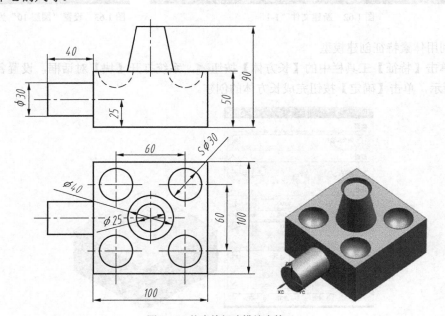

图 1.61 体素特征建模综合练习

1. 建立模型文件并设置工作图层

① 单击【标准】工具栏中的【新建】按钮，或在菜单栏中选择"文件→新建"命令，系统打开【新建】对话框，设置【单位】为"毫米"，【文件名】为"1-1"，设置【文件夹】中的文件存储目录为"F:\ug"，如图 1.62 所示，单击【确定】按钮进入建模环境。

② 单击【实用工具】工具栏中的【图层设置】按钮，或在菜单栏中选择"格式→图层设置"命令，系统打开【图层设置】对话框，在【显示】下拉列表中选择【所有图层】，在"图层10"处单击鼠标右键选择【 工作】选项，如图 1.63 所示，单击【关闭】按钮完成图层设置。

图 1.62 新建文件"1-1"

图 1.63 设置"图层 10"为工作层

2. 利用体素特征创建模型

① 单击【特征】工具栏中的【长方体】按钮，系统打开【块】对话框，设置各项参数如图 1.64 所示，单击【确定】按钮完成长方体的创建。

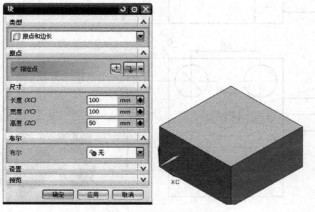

图 1.64 长方体的创建

② 选择菜单命令"格式→WCS→原点",系统打开【点】对话框,提示用户为 WCS 指定新原点,在【类型】下拉列表中选择【两点之间】,在【捕捉工具栏】中选择【中点】按钮 ☑,用鼠标选择长方体上表面两棱边,如图 1.65 所示,将 WCS 的原点定位在长方体上表面的中心。

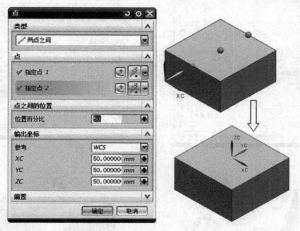

图 1.65 定位 WCS 到长方体上表面

③ 单击【特征】工具栏中的【圆锥】按钮 ◢,系统打开【圆锥】对话框,设置各项参数如图 1.66 所示,单击【确定】按钮完成圆锥的创建。

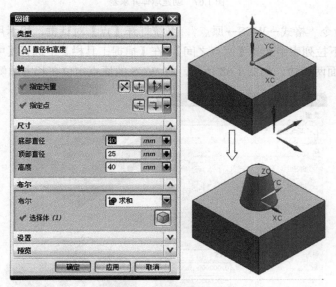

图 1.66 圆锥体的创建

④ 单击【特征】工具栏中的【球】按钮 ◯,系统打开【球】对话框,如图 1.66 所示,在【中心点】选项中单击【点对话框】按钮 ⊞,系统打开【点】对话框,设置【参考】为【WCS】,此时以 WCS 的原点为零点输入第一个球体的中心坐标,单击【确定】按钮返回【球】对话框,设置【布尔】运算为【求差】,单击【应用】按钮完成第一个球体的创建,利用同样的方法完成其余三个球体的创建并求差,如图 1.67 所示。

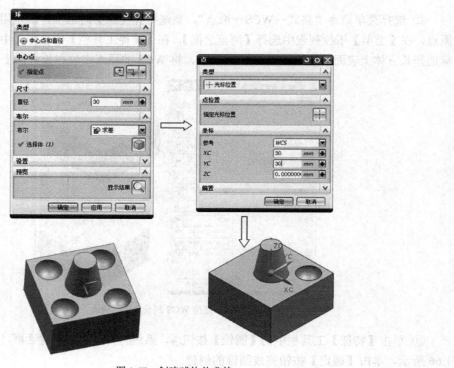

图 1.67　创建球体并求差

⑤ 选择菜单命令"格式→WCS→原点",系统打开【点】对话框,提示用户为 WCS 指定新原点,在【类型】下拉列表中选择【两点之间】,在【捕捉工具栏】中选择【中点】按钮☑,用鼠标选择长方体上侧面两棱边,如图 1.68 所示,将 WCS 的原点定位在长方体侧面的中心。

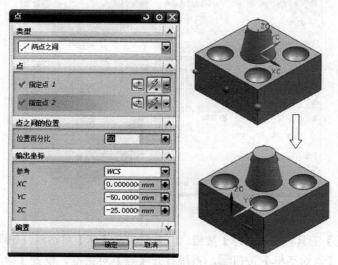

图 1.68　定位 WCS 长方体侧面中心

⑥ 选择菜单命令"格式→WCS→旋转",系统打开【旋转 WCS】对话框,选择【-ZC 轴:YC→XC】,【角度】设置为"90",如图 1.69 所示,单击【确定】按钮。

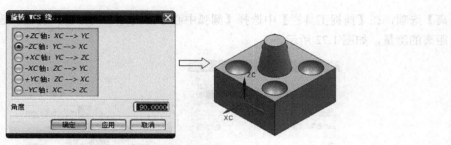

图 1.69　旋转 WCS

⑦ 单击【特征】工具栏中的【圆柱】按钮，系统打开【圆柱】对话框，选择 XC 轴为圆柱轴向矢量，设置各项参数如图 1.70 所示，WCS 原点位置作为圆柱体底面中心，创建圆柱体。

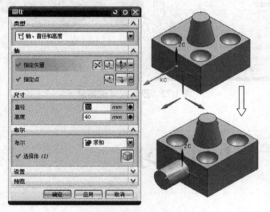

图 1.70　创建圆柱体

⑧ 选择菜单命令"格式→WCS→原点"，系统打开【点】对话框，在【类型】下拉列表中选择【圆弧中心/椭圆中心/球心】，选择圆柱体前端面圆弧，如图 1.71 所示，单击【确定】按钮，完成 WCS 的重新定位。

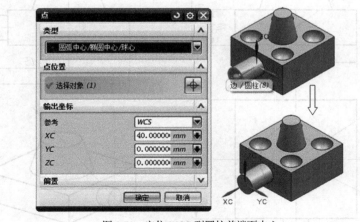

图 1.71　定位 WCS 到圆柱前端面中心

3．测量圆柱前端面中心到圆锥上端面中心的距离

选择菜单命令"分析→测量距离"，系统打开【测量距离】对话框，在【类型】列表中选择【距离】选项，在【捕捉工具栏】中选择【圆弧中心】按钮⊙，用鼠标在模型上选择起点和终点实现距离的测量，如图 1.72 所示。

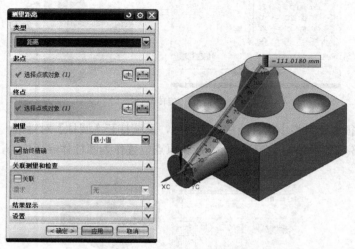

图 1.72　投影尺寸的测量

1.11　上机练习

1. 综合利用体素特征、基准特征、图层操作和布尔操作创建习题图 1 所示的模型，模型在"图层 10"中创建，基准对象在"图层 70"中创建。

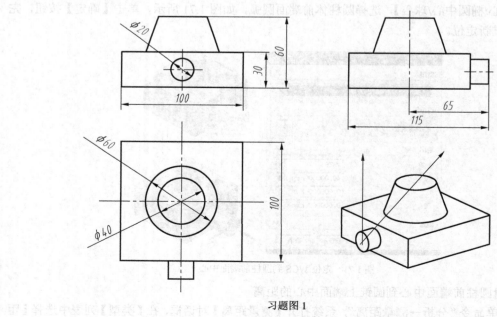

习题图 1

2. 综合利用体素特征、基准特征、图层操作和布尔操作创建习题图 2 所示的模型，其中球体中心用基准点指定，模型在"图层 15"中创建，基准对象在"图层 75"中创建。

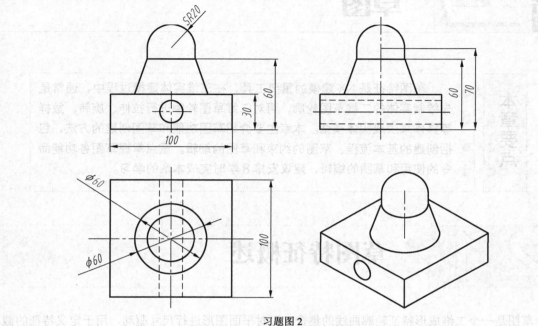

习题图 2

第2章 草图

本章要点

　　草图特征是 NX 建模的重要工具，在三维实体建模过程中，通常是先绘制实体的二维草图轮廓，再对二维草图轮廓进行拉伸、旋转、放样等操作来生成实体模型。本章主要介绍草图功能和草图创建的方法，包括创建的基本流程、草图的约束和草图的编辑。重点掌握草图各功能命令的使用和草图的编辑，建议安排 8 学时完成本章的学习。

2.1 草图特征概述

　　草图是一个二维成形特征轮廓曲线的集合，可对平面图形进行尺寸驱动，用于定义特征的截面形状、尺寸和位置，而由一般平面曲线所绘制的平面图形则不能够实现尺寸驱动。在 UG NX 8.0 的草图模块中，可以通过尺寸和几何约束来建立设计意图及提供执行参数驱动改变的能力，生成的草图可以用于进行拉伸、旋转和扫掠等特征。

　　从设计意图方面考虑使用草图特征主要包括两个方面：当明确知道一个设计意图时，从设计方面考虑在实际部件上的几何需求，包括决定部件细节配置的工程和设计规则；潜在的改变区域，即有一个需求迭代，可以通过许多变动解决方案去验证某一设计意图。

　　在以下几种场合经常会使用草图特征。

　　① 如果实体模型的形状本身适合通过拉伸或旋转等操作完成时，草图可以用作一个模型的基础特征。

　　② 使用草图创建扫描特征的引导路径或用作自由形状特征的生成母线。

　　③ 当用户需要通过参数化控制曲线时。

2.1.1 草图绘制流程

　　用户在使用草图特征时，可以按以下基本流程进行操作。

　　① 根据用户需求修改草图参数的预设置。

　　② 选择草图平面进入草图环境，完成图层、常用工具选项的设置。

　　③ 根据设计意图绘制草图曲线，并为草图添加尺寸和几何约束。

　　④ 完成草图，退出草图环境。

2.1.2 草图预设置

在进行草图操作时，先了解一下草图预设置，选择菜单命令"首选项→草图"，系统打开图 2.1 所示的【草图首选项】对话框，在该对话框中可对草图的工作环境与草图环境中的对象显示情况进行设置，其主要选项意义如下。

图 2.1 【草图首选项】对话框

1．部件设置

该选项卡主要用于对草图中对象的颜色进行设置，主要包括曲线、驱动尺寸标注、自动标注尺寸、约束过多的对象、冲突的约束、参考尺寸、参考曲线、部分约束曲线、完全约束曲线等对象的颜色设置，也可通过单击【继承自用户默认设置】按钮来选择用户事先定义并显示在视图窗口中的对象作为预设对象的属性。

2．草图样式

该选项主要用于对尺寸标签和文本高度等参数进行设置。

3．会话设置

该选项卡主要用于对捕捉角、任务环境和草图环境的一些名称进行设置。

2.1.3 草图的创建

在建模模块中，选择菜单命令"插入→草图"或单击【特征】工具栏中的【任务环境中的草图】按钮，系统打开图 2.2 所示的【创建草图】对话框，其主要选项意义如下。

1．类型

该选项主要用于选择草图的创建类型是在平面上或是基于路径。

【在平面上】——定义草图的工作平面为某一平面，可以是基准平面或对象上的平面。

【基于路径】——定义草图的工作平面为曲线或轮廓轨迹某点处切矢的法平面。

2．草图平面

选择【在平面上】方式创建草图平面时，可以通过现有平面、创建平面和创建基准坐标系等方式来创建平面，并可以根据需要单击【反向】按钮来更改所创建平面的法向。

3．草图方向

用于对已创建的草图平面的 X 轴和 Y 轴方向进行重新设定，设定后也可根据需要单击【反向】按钮⊠来更改所创建平面的 X 轴和 Y 轴的方向。

4．草图原点

用于对已创建的草图平面的坐标原点进行重新设定。

5．轨迹

用于选择曲线或边，只有在定义草图平面的类型为基于路径时才出现。

6．平面位置

用于在所选的曲线或边上定义平面

图 2.2 【创建草图】对话框

的位置，可以通过弧长、弧长百分比和通过点三种方式来定义平面的位置，该选项也只有在定义草图平面的类型为基于路径时才出现。

2.1.4 草图曲线功能

在定义好草图创建平面后，进入到图 2.3 所示的草图工作环境，在草图工作环境中，可通过图 2.4 所示的【草图工具】工具栏上的命令来绘制草图，该工具栏主要包括轮廓、直线、圆弧和圆等，它们可以生成单个草图实体，也是复杂草图实体的主要构成元素。

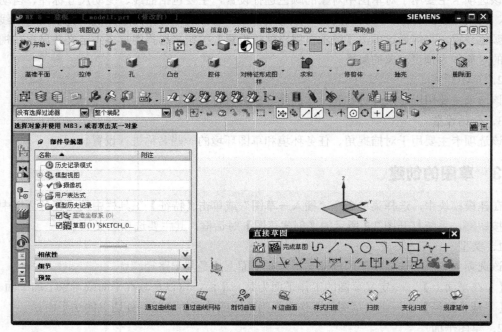

图 2.3 草图环境

图 2.4 所示的【草图工具】工具栏中各命令的功能如下。

图 2.4 【草图工具】工具栏

1．轮廓

该功能用于以线串模式创建一系列相连的直线或圆弧，单击该按钮后，系统打开图 2.5 所示的轮廓工具条，各命令意义如下。

直线——用于在视图区域通过指定两点来绘制直线。

圆弧——用于在视图区域内通过两点和一半径来绘制圆弧。

XY 坐标模式——与前面的对象类型中的选项配合使用，即在视图区域出现图 2.6 所示的文本框，分别在文本框中输入对应的 *XC* 和 *YC* 值来绘制草图。

参数模式——与前面的对象类型中的选项配合使用，即在视图区域出现图 2.7 所示的文本框，分别在文本框中定义草图曲线的参数来绘制草图。

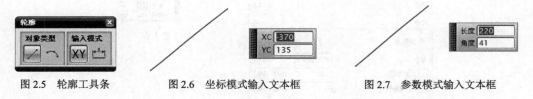

图 2.5 轮廓工具条　　　　图 2.6 坐标模式输入文本框　　　　图 2.7 参数模式输入文本框

2．圆弧

该功能用于通过约束自动判断创建圆弧，可通过三点或中心和端点的方式创建圆弧，如图 2.8 所示。

3．圆

该功能用于创建圆，可以通过圆心和直径或三点的方式创建圆，如图 2.9 所示。

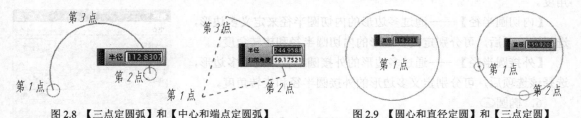

图 2.8 【三点定圆弧】和【中心和端点定圆弧】　　　图 2.9 【圆心和直径定圆】和【三点定圆】

4．矩形

该功能用于创建矩形，其工具条如图 2.10 所示，可以通过以下几种方式来创建。

按两点——通过两点创建矩形，所选两点分别为矩形的两对角点。

按三点——通过三点创建矩形，第 1 点到第 2 点的距离为矩形的一条边，第 2 点到第 3 点的距离为矩形的另一条边。

从中心——通过中心创建矩形，第 1 点为矩形的中心，第 1 点到第 2 点之间的距离为矩形的一条边长的一半，第 2 点到第 3 点之间的距离为矩形的另一条边长的一半。

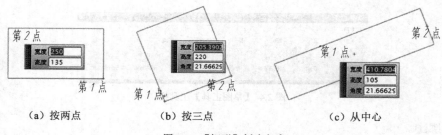

（a）按两点　　　　　（b）按三点　　　　　（c）从中心

图 2.10 【矩形】创建方式

5. 多边形

该功能用于创建多边形，在【草图工具】工具栏上单击【多边形】按钮，系统打开【多边形】对话框，如图 2.11 所示。

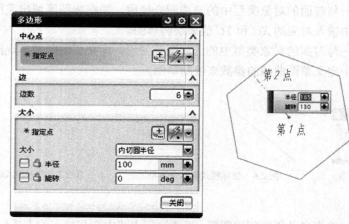

图 2.11 【多边形】对话框及其创建方法

在【大小】选项组中可以用以下方式控制多边形的大小。

【边长】——通过边长来定义多边形的形状，选择该选项后，可分别定义多边形的边长和旋转角度。

【内切圆半径】——通过多边形的内切圆半径来定义多边形，选择该选项后，可分别定义多边形的内切圆半径和旋转角度。

【外接圆半径】——通过多边形的外接圆半径来定义多边形，选择该选项后，可分别定义多边形的外接圆半径和旋转角度。

6. 椭圆

该功能用于通过中心点和尺寸定义椭圆，在【草图工具】工具栏上单击椭圆按钮，系统打开【椭圆】对话框，如图 2.12 所示，对话框中的主要选项意义如下。

【中心】——用于定义椭圆的中心，可以通过点构造器来指定。

【大半径】——用于定义长轴半径的长度，可以直接在文本框中输入数值，也可以通过点构造器定义长轴上的点，此时长轴的半径为圆心到指定点的长度。

【小半径】——用于定义短轴半径的长度，可以直接在文本框

图 2.12 【椭圆】对话框

中输入数值，也可以通过点构造器定义长轴上的点，此时短轴的半径为圆心到指定点的长度。

7. 派生曲线 ⊾

该功能用于在两条平行直线中间创建一条与原直线平行的直线，或在两相交直线间创建一条角平分线，如图 2.13 所示。

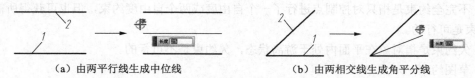

（a）由两平行线生成中位线　　　　　　（b）由两相交线生成角平分线

图 2.13 【派生曲线】

2.1.5 草图约束

1. 草图控制点

对于每一条曲线，都有相应的点来对其进行控制，在对草图进行约束时，常常需对其控制点进行相应的约束，表 2.1 列出了几种常见的曲线类型和控制点。

表 2.1　　　　　　　　　　　　　　曲线类型及控制点

曲　线　类　型	控　制　点
直线	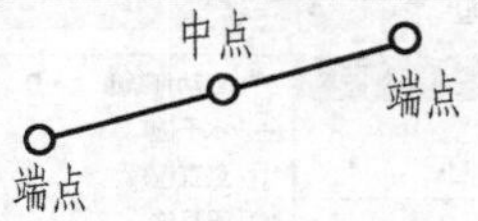 中点　端点　端点
圆弧	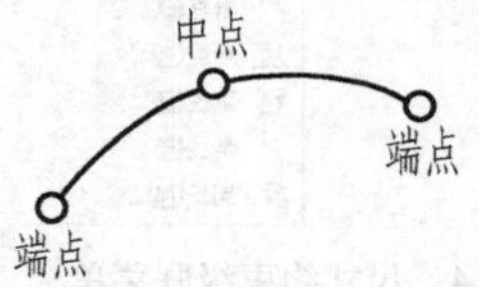 中点　端点　端点
完全圆	 中心点
样条曲线	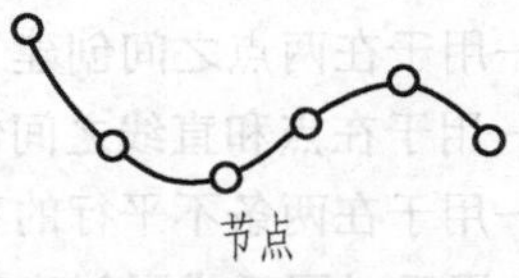 节点

2. 自由度与约束

在绘制草图初期，用户不必考虑草图曲线的精确位置与尺寸，待完成草图基本轮廓的绘制后，再对草图对象进行约束，对草图进行合理的约束是实现草图参数化的关键，所以在绘制完草图后，需对草图轮廓进行认真分析，应施加哪些约束以便合理对草图进行约束。在草图平面内，每个草图点都有三个自由度，即沿 XC 轴、YC 轴的平动和绕原点的转动，在对控制点进行约束时，只需对以上三个自由度进行合理的控制即可。

草图的约束状态包括过约束、完全约束、不完全约束和欠约束四种状态。

① 过约束是指对其控制点的约束超过了三个自由度，如对某个或某几个自由度进行了重复约束。

② 完全约束是指对草图的三个自由度都进行了约束。

③ 不完全约束是指只对控制点进行了一个自由度或两个自由度约束，但也可获得所需轮廓，即此约束是可行的。

④ 欠约束是指对象在平面内处于游离状态，欠约束是不可行的。

3．草图约束

通常情况下，草图约束包括三种类型，即尺寸约束、几何约束和定位尺寸。

（1）尺寸约束

选择菜单命令"插入→尺寸"，系统打开图 2.14 所示的草图尺寸约束级联菜单，或单击【草图工具】工具栏中的【自动判断尺寸】按钮，系统打开图 2.15 所示的下拉菜单，选择相应命令对对象进行尺寸约束，需要说明的是尺寸约束不仅可以定义草图对象的形状尺寸，还可定义草图对象之间的相对位置关系。

图 2.14　尺寸约束级联菜单

图 2.15　尺寸约束下拉菜单

尺寸约束中的各项意义如下。

【自动判断】——用于通过选定的对象或者光标的位置自动判断尺寸的类型来创建尺寸约束。

【水平】——用于在两点之间创建水平尺寸的约束。

【竖直】——用于在两点之间创建竖直距离的约束。

【平行】——用于在两点之间创建平行距离的约束。

【垂直】——用于在点和直线之间创建垂直距离的约束

【角度】——用于在两条不平行的直线之间创建角度约束。

【直径】——用于对圆弧或圆创建直径约束。

【半径】——用于对圆弧或圆创建半径约束。

【周长】——用于通过创建周长约束来控制直线或圆弧的长度。

（2）几何约束

几何约束应用于草图对象之间、草图对象和曲线之间及草图对象和特征之间，主要包括对象固定、水平、竖直、相切、互相垂直、同心等。对于选择不同的对象，其几何约束情况也不一样。在视图平面内选择需进行几何约束的对象后，选择"插入→约束"命令或单击【草图工具】工具栏中的【约束】按钮 ✎，打开【约束】工具栏，根据选择对象的不同工具栏中的可选项也不尽相同。图 2.16 所示为选择两直线后打开的工具栏，几何约束包括以下类型。

【↵固定】——将所选草图对象固定在某一位置。

【∥共线】——用于约束两条或多条直线共线，如图 2.17 所示。

图 2.16 【直线与直线约束】工具栏

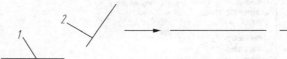

图 2.17 【共线】约束

【→水平】——用于约束所选直线为水平线，如图 2.18 所示。

【↑竖直】——用于约束所选直线为竖直线，如图 2.18 所示。

【∥平行】——用于约束两条或多条直线相互平行，如图 2.18 所示。

【⊥垂直】——用于约束两条或多条直线相互垂直，如图 2.18 所示。

【=等长】——用于约束两条或多条直线长度相等，如图 2.18 所示。

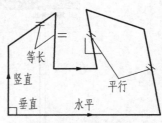

图 2.18 约束实例

【↔定长】——用于约束所选直线的长度固定不变。

【∠定角】——用于约束所选直线的方位角固定不变。

【↑点在曲线上】——用于约束所选点在指定的曲线上，如图 2.19 所示。

【⊢中点】——用于约束所选点位于所选曲线的中点处，如图 2.20 所示。

图 2.19 【点在曲线上】约束   图 2.20 【中点】约束

【↗重合】——用于约束两个或多个点重合，如图 2.21 所示。

【◎同心】——用于约束两个或多个圆、圆弧或椭圆同心，如图 2.22 所示。

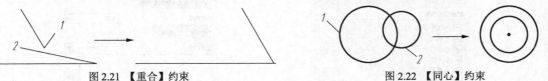

图 2.21 【重合】约束   图 2.22 【同心】约束

【○相切】——用于约束两个所选对象相切，如图 2.23 所示。

【≈等半径】——用于约束两条或多条圆弧或圆的半径相等，如图 2.24 所示。

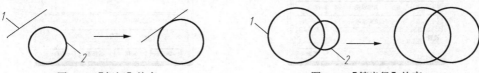

图 2.23 【相切】约束   图 2.24 【等半径】约束

（3）约束的编辑

选择菜单命令"工具→约束"，系统打开图 2.25 所示的级联菜单，或单击【草图工具】工具栏中的【显示所有约束】按钮 ，系统打开图 2.26 所示的下拉菜单，其主要选项意义如下。

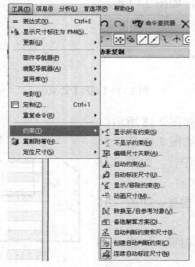

图 2.25　约束级联菜单　　　　　　　图 2.26　约束下拉菜单

【 显示所有约束】——用于在草图中将具有约束关系的对象全部显示其约束符号。

【 不显示约束】——用于在草图中隐藏对象的约束关系。

【 自动约束】——用于按用户设定的几何约束类型，系统自动根据草图对象之间的几何关系将相应的几何约束添加到草图对象中。单击该按钮后系统打开图 2.27 所示的【自动约束】对话框，对所选对象进行自动创建约束。

【 显示/移除约束】——单击该按钮后系统打开【显示/移除约束】对话框，如图 2.28 所示，用于显示指定草图对象的几何约束，同时也可移除所有这些约束或列出的信息。

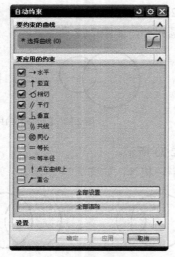

图 2.27　【自动约束】对话框　　　　　图 2.28　【显示/移除约束】对话框

【动画尺寸】——用于在指定范围内显示草图对象尺寸，并动态显示草图的驱动情况。

【转换至/自参考对象】——根据作用的不同，一般把草图对象分为活动对象和参考对象，活动对象是指影响整个草图形状的曲线或尺寸约束，用于实体制作；参考对象是指起辅助作用的曲线或尺寸约束，在绘图区域以暗颜色和双点划线显示，不参考实体制作。在对草图进行约束操作时，对相同的约束对象进行了过约束或欠约束情况，此时可以采用该选项来解决，将草图曲线从活动转化为引用或将草图曲线从引用转化为活动。单击该按钮后出现图2.29所示的【转换至/自参考对象】对话框。

图2.29 【转换至/自参考对象】对话框

【要转换的对象】——选择需要进行转换的对象，还可将【选择投影曲线】也选中，进行对象转换时，其投影曲线也将发生变化。

【转换为】——该功能用于将所选对象选择为【参考曲线或尺寸】或【活动曲线或驱动尺寸】，即参考对象或活动对象。

【备选解】——当对草图进行约束操作时，同一约束条件可能存在多种解决方法，该选项可以将一种解法转化为另一种解法，如平面内的两个圆弧在进行相切约束时，既可能存在内切也可能存在外切，应用此选项可进行切换。

【自动判断约束和尺寸】——用于控制哪些约束在曲线构造过程中是自动判断的。单击该按钮后，系统打开图2.30所示的【自动判断约束和尺寸】对话框，其主要选项如下。

【要自动判断和应用的约束】——用于自动判断和应用的约束，根据需要在复选框前勾选即可。

【由捕捉点识别的约束】——用于选择由捕捉点识别的约束，如点在曲线上、中点和重合点等。

【绘制草图时自动判断尺寸】——用于对装配体中的曲线进行约束。

【创建自动判断约束】——用于根据前面对自动判断约束的设置，在进行草图绘制时创建自动判断的约束。

【连续自动标注尺寸】——用于在曲线绘制过程中激活连续自动创建尺寸功能。

图2.30 【自动判断约束和尺寸】对话框

（4）定位尺寸

定位尺寸约束应用于草图对象之间、草图对象和曲线之间及草图对象和特征之间，用于定位草图的位置。在图2.31所示的【草图】工具栏中单击【创建定位尺寸】按钮，或选择"工具→定位尺寸"命令，系统打开图2.32所示的【定位尺寸】级联菜单。

【创建定位尺寸】的各项意义如下。

【创建定位尺寸】——用于标注草图中的对象与曲线，边、基准面和基准轴之间的尺寸，从而建立草图整体与现存几何体之间的关系。

【编辑定位尺寸】——用于对前面已经创建的定位尺寸进行编辑。

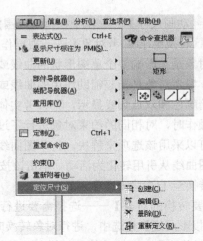

图 2.31 【草图】工具栏【定位】级联菜单　　　　　图 2.32 【定位尺寸】级联菜单

【删除定位尺寸】——用于删除前面已经创建的定位尺寸。

【重新定义定位尺寸】——用于对前面已经创建的定位尺寸的目标对象和草图曲线进行编辑。
此外，图 2.31 所示的【草图】工具栏中其余意义如下。

【 完成草图 完成草图】——用于结束当前草图编辑状态，退出草图环境。

【 SKETCH_005 草图名】——用于显示草图名，在进行草图操作过程中，可在草图的操作过程中单击下拉列表，从中选择需要进入的草图名，从而进入到该草图环境下进行编辑。

【 定向视图到草图】——用于设置草图平面与实体平面的法线方向一致，从而便于绘制草图。

【 定向视图到模型】——用于设置建模视图角度。

【 重新附着】——用于将草图重新附着在新平面或新轨迹上。

2.1.6　草图对象的使用与编辑

除了使用草图绘制工具进行对象的绘制外，也可以对现有曲线使用草图操作工具来辅助创建草图对象，如草图编辑、镜像曲线和投影曲线等。

1．草图对象的编辑

（1）圆角

该功能用于在两条或三条曲线之间进行倒圆角操作，在【草图工具】工具栏上单击【圆角】按钮 ，系统打开图 2.33 所示的【圆角】工具栏，其主要选项意义如下。

【圆角方法】——用于定义倒圆角的方式，其中【修剪 】表示对曲线进行裁剪或延伸，【取消修剪 】表示不对曲线进行裁剪也不延伸。

【选项】——用于倒圆角方式的选项设置，其中【删除第三条曲线 】表示删除和该圆角相切的第三条曲线，【创建备选圆角 】表示对倒圆角存在的多种状态进行变换。

（2）倒角

该功能用于对两条曲线进行倒角操作，单击【草图工具】工具栏上的【倒角】按钮 ，系统打开图 2.34 所示的【倒角】对话框，在窗口中选择两条欲修剪的曲线后，再对该对话框中的参数进行相应的设置即可，其操作如图 2.35 所示。

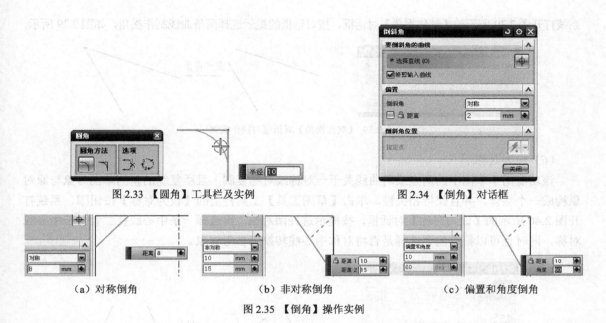

图 2.33 【圆角】工具栏及实例　　　　　　图 2.34 【倒角】对话框

（a）对称倒角　　　　　（b）非对称倒角　　　　　（c）偏置和角度倒角

图 2.35 【倒角】操作实例

（3）快速修剪

该功能用于快速删除曲线、以任意方向将曲线修剪至最近的交点或选定的边界，对于相交的曲线，系统将曲线在交点处自动打断。单击【草图工具】工具栏上的【快速修剪】按钮，系统打开图 2.36 所示的【快速修剪】对话框。

（4）快速延伸

该功能用于将曲线以最近的距离进行延伸到选定的边界，单击【草图工具】工具栏上的【快速延伸】按钮，系统打开图 2.37 所示的【快速延伸】对话框，其操作实例如图 2.38 所示。

图 2.36 【快速修剪】对话框　　　　　　图 2.37 【快速延伸】对话框

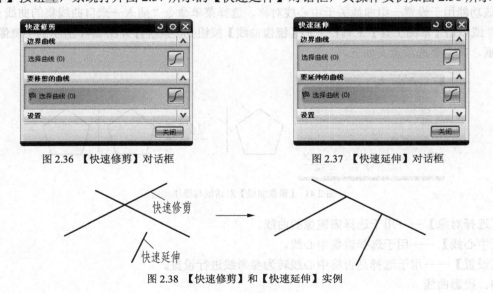

图 2.38 【快速修剪】和【快速延伸】实例

（5）制作拐角

该功能用于延伸和修剪两条曲线以制作拐点，单击【草图工具】工具栏上的【制作拐角】按钮，系统打开图 2.39 所示的【制作拐角】对话框，按对话框的提示选择两条曲线制作拐角，如图 2.39 所示。

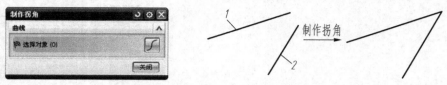

图 2.39　【制作拐角】对话框与操作实例

（6）设为对称

该功能用于草图中的两点或两曲线关于一对称线对称复制，且所复制的新的草图对象与原对象构成一个整体，并且保持相关性。单击【草图工具】工具栏上的【设为对称】按钮，系统打开图 2.40 所示的【设为对称】对话框，按提示选择两对象，再选择一条中心线使二者关于中心线对称，同时也可以根据需要选择是否将对称中心线转换为参考对象。

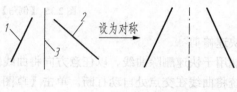

图 2.40　【设为对称】对话框与操作实例

2．镜像曲线

该功能用于设置一组曲线关于中心线对称，选择菜单命令"插入→来自曲线集的曲线→镜像曲线"或单击【草图工具】工具栏上的【镜像曲线】按钮，系统打开图 2.41 所示的【镜像曲线】对话框，其主要选项意义如下。

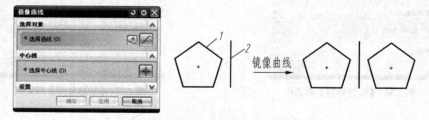

图 2.41　【镜像曲线】对话框与操作实例

【选择对象】——用于选择需镜像的曲线。

【中心线】——用于选择镜像中心线。

【设置】——用于选择是否将中心线转为参考线进行设置。

3．投影曲线

该功能用于沿草图平面法线方向将当前草图外的曲线、边或点投影到当前草图平面上，使之成为当前草图的对象，投影曲线与原曲线可以是关联的，选择"插入→处方曲线→投影曲线"命令或单击【草图工具】工具栏上的【投影曲线】按钮，系统打开，图2.42所示的【投影曲线】对话框，其主要选项意义如下。

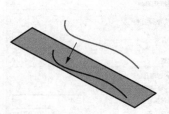

图2.42 【投影曲线】对话框与操作实例

【要投影的对象】——用于选择欲投影的曲线。

【设置】——包括【关联】、【输出曲线类型】和【公差】三个选项，用于设置投影曲线与原始曲线是否具有相关性、投影曲线的类型和设置创建特征时使用的公差。

4．偏置曲线

该功能用于对视图区域内的草图进行偏置操作。选择"插入→来自曲线集的曲线→偏置曲线"命令或单击【草图工具】工具栏上的【偏置曲线】按钮，系统打开图2.43所示的【偏置曲线】对话框，其主要选项意义如下。

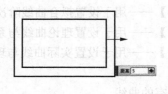

图2.43 【偏置曲线】对话框与操作实例

【要偏置的曲线】——用于选择要偏置的曲线链，该曲线链可以是封闭的，也可以是开环的，其中【选择曲线】按钮用于选择曲线链，【添加新集】按钮用于重新选择一个曲线链，【列表】选项用列表显示已选的曲线链。

【偏置】——用于设置偏置参数，如对偏置距离进行设置，还可根据需要是否改变偏置方向以及是否对称偏置和偏置数量等。

【链连续性和终点约束】——用于设置是否显示拐点和是否显示终点选项。

5．相交曲线

该功能用于在曲面与草图平面相交位置处生成曲线。选择"插入→处方曲线→相交曲线"命令或单击【草图工具】工具栏上的【相交曲线】按钮，系统打开图 2.44 所示的【相交曲线】对话框，其主要选项意义如下。

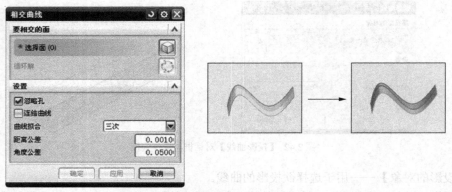

图 2.44　【相交曲线】对话框与操作实例

（1）【要相交的面】选项

该选项用于选择相交面，其中【选择面】按钮用于选择曲面，可以选择多个曲面，但曲面与曲面之间必须相交；【循环解】按钮用于预览和切换曲线上存在孔时的相贯线的半部，与后面的忽略孔命令联合使用，当忽略孔时，相贯线只能在孔的一侧，此选项用于选择一侧的相交线。

（2）【设置】选项组

【忽略孔】——用于当曲面上存在孔时忽略孔的存在。

【连结曲线】——用于当同时选择多个面时且产生多段曲线时将多段曲线连接为一条曲线。

【曲线拟合】——用于设置拟合曲线阶次为三阶、五阶或高阶。

【距离公差】——用于设置理论曲线与系统生成曲线之间的公差。

【角度公差】——用于设置实际曲线与理论曲线在一点处的角度最大公差。

6．添加现有的曲线

该功能用于将与草图平面相平行的平面内已存在的曲线添加到当前活动草图中，但不能将关联曲线和规律曲线添加到草图中。选择"插入→来自曲线集的曲线→现有曲线"命令或单击【草图工具】工具栏上的【添加现有曲线】按钮，系统打开图 2.45 所示的【添加曲线】对话框，该对话框提供了选择对象的方法，前面章节已经对类似情况进行过叙述，此处不再赘述。

图 2.45　【添加曲线】对话框

2.2　草图创建实例

【例】　利用草图特征创建图 2.46 所示的曲线截面。

① 启动 UG NX 8.0，选择"文件→新建"命令，在打开的新建文件对话框中选择模型，并在【名称】中输入部件的名称为 sketch3-1，并设置文件的存储路径，单击【确定】按钮，进入 NX 建模环境。

② 选择"插入→草图"命令，或单击【特征】工具栏中的【任务环境中的草图】按钮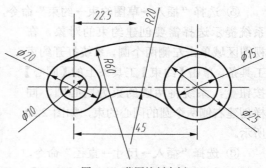，系统打开图 2.47 所示的【创建草图】对话框，系统提示选择草图平面，在视图区域选择 XC-YC 平面，此时 XC-YC 平面高亮显示，单击 <确定> 按钮，进入草图环境。

图 2.46 草图绘制实例

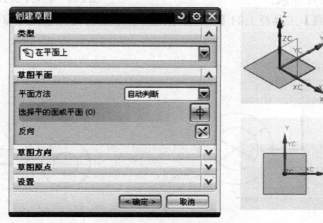

图 2.47 进入草图环境

③ 选择"插入→草图曲线→直线"命令，或单击【草图工具】工具栏上的直线按钮 ✏，创建圆弧中心线，添加尺寸约束，并单击【转为参考】按钮 🔛 转换为参考线，如图 2.48 所示。

④ 单击【草图工具】工具栏的【圆】按钮 ○，利用圆心和直径方式以参考线形成的两个交点为圆心创建 4 个直径不同的圆，如图 2.49 所示。

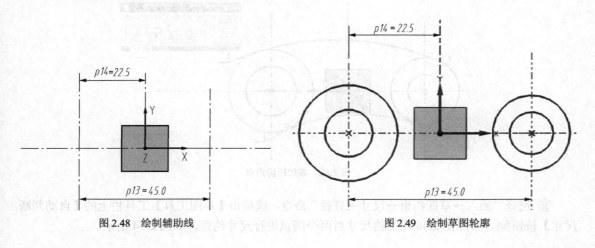

图 2.48 绘制辅助线   图 2.49 绘制草图轮廓

⑤ 选择"插入→草图约束→约束"命令，或单击【草图工具】工具栏上的【约束】按钮，系统提示选择需要创建约束的对象，在视图区域单击左侧两个圆，系统打开约束工具条。单击【约束】工具条上的【同心】按钮，系统将两圆约束为同心圆，同样创建右侧两个圆的同心约束，如图 2.50 所示。

⑥ 选择"插入→尺寸→直径"命令，或单击【草图工具】工具栏上的【直径】按钮，参照图 2.46 标注的尺寸对四个圆进行尺寸约束，如图 2.51 所示。

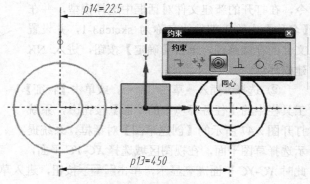

图 2.50　添加同心约束

⑦ 单击【草图工具】工具栏上的【圆弧】按钮，以三点方式在图形窗口创建两条圆弧，如图 2.52 所示。

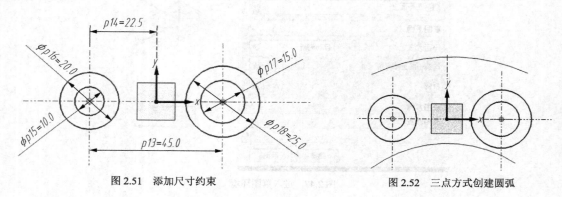

图 2.51　添加尺寸约束　　　　　　　　　　　图 2.52　三点方式创建圆弧

⑧ 单击【草图工具】工具栏上的【约束】按钮，系统提示选择需要创建约束的对象，分别选择上方圆弧和两侧的大圆，在【约束】工具条中单击【相切】按钮，以同样的方式创建下方圆弧和两侧大圆的相切约束，如图 2.53 所示。

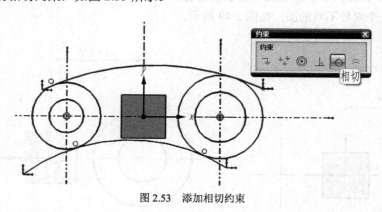

图 2.53　添加相切约束

⑨ 选择"插入→草图约束→尺寸→直径"命令，或单击【草图工具】工具栏上的【自动判断尺寸】按钮，参照图 2.46 标注的尺寸对两个圆弧进行尺寸约束，如图 2.54 所示。

⑩ 选择"编辑→草图曲线→快速修剪"命令，或单击【草图工具】工具栏上的【快速修剪】按钮，用鼠标点选上方圆弧需要修剪掉的部分。

选择"编辑→草图曲线→快速延伸"命令，或单击【草图工具】工具栏上的【快速延伸】按钮，用鼠标点选下方圆弧需要延伸的部分，绘制出的草图如图 2.55 所示。

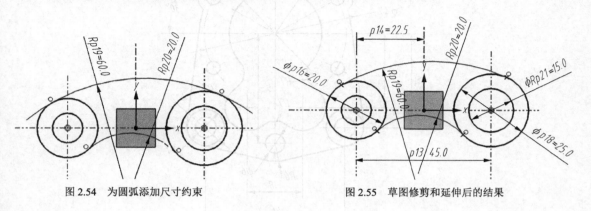

图 2.54　为圆弧添加尺寸约束　　　　　　图 2.55　草图修剪和延伸后的结果

2.3 上机练习

1．综合利用草图特征创建习题图 1 所示的草图截面。

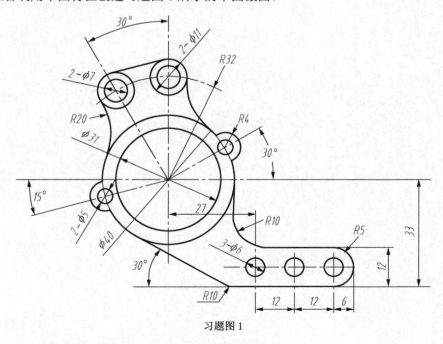

习题图 1

2．综合利用草图特征创建习题图 2 所示的草图截面。

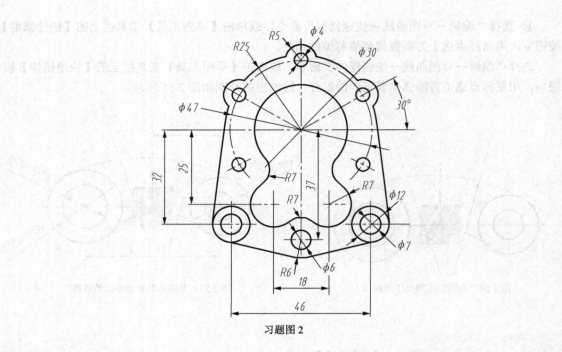

习题图 2

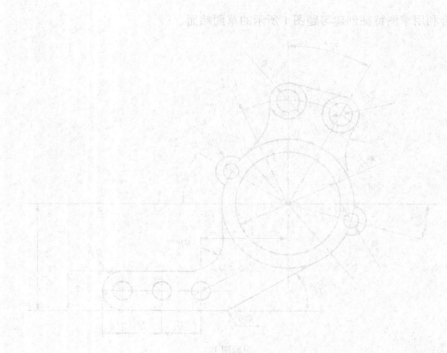

第3章 扫描特征

本章介绍的扫描特征包括拉伸、回转、沿引导线扫掠、扫掠和管道的创建。主要介绍各功能命令的定义、使用方法，重点在于截面线、引导线和方向矢量的创建与选择以及各命令对话框中各选项在使用中的设置，建议安排 8 学时完成本章的学习，使学生能够根据模型结构形状制定合理的建模策略。

3.1 扫描特征概述

　　扫描特征是利用截面线串沿着引导方向或引导线移动而得到三维实体或片体的方法，常用于非规则几何形状的特征建模。扫描的特点是其所建立的模型与截面线串、引导方向或引导线具有相关性，对截面线串、引导方向或引导线的编辑会使所创建的模型随之更新。扫描特征可以与已存在的实体进行布尔操作。截面线串和引导线可以是实体边缘、面边界、二维曲线或草图等。

3.1.1　扫描特征的类型和建模策略

　　扫描特征主要包括拉伸、回转、扫掠，其中扫掠特征包括扫掠、沿引导线扫掠和管道等。

　　1．【拉伸】特征

　　将特征截面曲线沿着某个矢量方向进行扫描，该矢量方向可以是某个坐标轴方向、基准特征创建的矢量或是某条直线或实体边缘。对于板壳类零件可以创建其特征截面线并利用【拉伸】特征创建实体模型，如图 3.1 所示。

　　2．【回转】特征

　　将特征截面线绕着回转轴进行扫描，该回转轴可以是某个坐标轴方向、基准特征创建的矢量或是某条直线或实体边缘。对于轴、盘类零件，其特征截面线可以在轴截面上获得，此外，该类零件的特征截面线基于回转轴对称，所以只需建立特征截面线的一半，如图 3.2 所示，然后将特征截面线绕着回转轴进行回转扫描，从而获得此类零件的实体模型。

　　3．【扫掠】特征

　　将截面曲线沿引导线串扫描成片体或实体，其截面曲线最少 1 条，最多 150 条；引导线最少 1 条，最多 3 条。对于异形曲面或实体可以利用【扫掠】命令实现截面线沿引导线的扫掠，如图 3.3 所示。

　　4．【沿引导线扫掠】特征

　　将某一特征截面线沿着某一引导线进行扫掠，如图 3.4 所示为异形零件的扫除，与【扫掠】

不同的是【沿引导线扫掠】只允许定义一条截面线串和一条引导线。

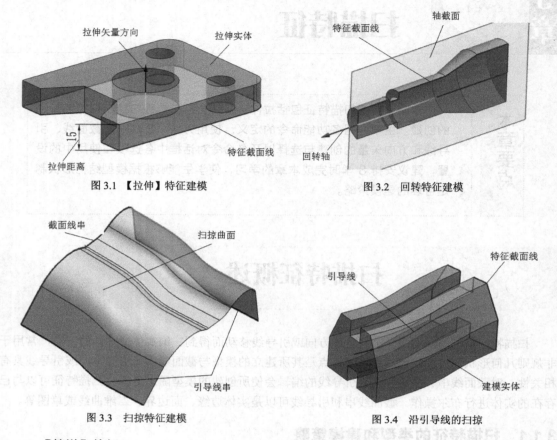

图 3.1 【拉伸】特征建模 图 3.2 回转特征建模

图 3.3 扫掠特征建模 图 3.4 沿引导线的扫掠

5.【管道】特征

将一个或多个相切连续的曲线或边作为扫掠路径，创建一个圆形横截面的单个实体，对于工程中的管道管网和电缆布线，需要创建沿某一路径的管道实体，如图 3.5 所示，这时可以省略圆形截面曲线的创建，利用【管道】命令对话框设置截面圆形的半径，然后选择扫掠路径即可。

图 3.5 沿引导路径的管道

综上所述，利用 UG NX 的扫描特征进行建模操作时，首先要对模型的结构特征进行分析，选择合适的扫描方法，利用草图特征、曲线特征或基准特征建立模型的特征截面线、矢量方向或引导线，来完成实体模型的创建。此外，还需要综合分析模型的结构特点，划分不同的特征结构分别进行不同形式的扫描，并灵活运用附加操作完成模型的创建。

3.1.2 扫描特征各功能指令的激活

扫描特征中的【拉伸】和【回转】指令可以通过选择菜单命令"插入→设计特征→拉伸/回转"或在【特征】工具栏中单击相应按钮打开；【扫掠】特征可以通过选择菜单命令"插入→扫掠→扫

掠/沿引导线扫掠/管道"或单击【特征】工具栏中相应按钮打开，如图 3.6 所示。

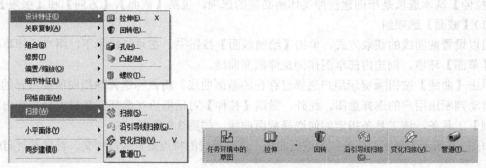

图 3.6 扫描特征菜单和工具栏

3.2 拉伸

3.2.1 拉伸特征概述

1．激活【拉伸】操作

单击【特征】工具栏中的【拉伸】按钮，或在菜单栏中选择"插入→设计特征→拉伸"，系统打开【拉伸】对话框，如图 3.7 所示。该对话框除包括创建【拉伸】操作必需的【截面】、【方向】和【极限】基本选项组外，还包括【布尔】、【拔模】、【偏置】、【设置】和【预览】附加选项组，这些选项组中的选项可以在创建拉伸时进行附加操作。

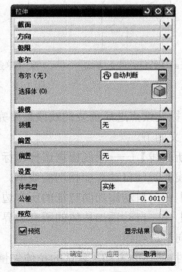

图 3.7 【拉伸】对话框

2．拉伸基本选项的设置

【拉伸】基本选项是指创建拉伸实体所必需的选项，包括【截面】、【方向】和【极限】。

（1）【截面】选项组

用以设置截面线的获取方式，单击【绘制截面】按钮，在系统提示下，用户选择草图平面进入【草图】环境，创建内部草图作为拉伸截面曲线。

单击【曲线】按钮提示用户选择已存在的截面曲线，将鼠标选择球指向所要选择的对象，系统自动判断出用户的选择意图。此外，激活【拉伸】对话框后在选择工具栏上会自动出现【选择规则】工具条，该工具条指定如何选择截面曲线，如图 3.8 所示。

如图 3.9 所示为利用草图绘制的截面曲线，该截面线的特点是有线段相交，首尾不封闭成链。

图 3.8 【选择规则】工具条

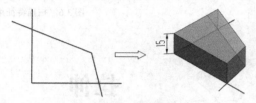

图 3.9 相交截面曲线拉伸实体

利用该截面线拉伸图示实体时，如果在【选择规则】下拉列表中选择【特征曲线】选项，当用鼠标单击截面的某条线段时，系统自动添加所有特征曲线，如图 3.10（a）所示，显然该选项对于不能封闭成链的截面曲线无法完成预期的拉伸操作。

这种情况下可选择【单条曲线】或【相连曲线】选项，并单击【在相交处停止】按钮，则在选择被交点分割的曲线时，只选中鼠标指定的那一段，如图 3.10（b）和图 3.10（c）所示。

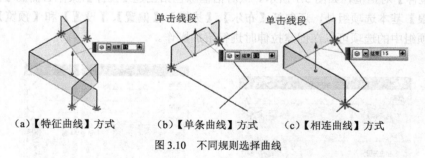

（a）【特征曲线】方式　　　（b）【单条曲线】方式　　　（c）【相连曲线】方式

图 3.10 不同规则选择曲线

通过用鼠标连续点选所需要的线段最终完成图 3.9 所示的预期拉伸结果。【选择规则】下拉列表其余各项意义如下。

【自动判断曲线】——系统根据选择目标自动判断选择类型。

【相切曲线】——自动添加相切的线串。

【面的边】——自动添加面特征的所有边。

【片体边】——自动添加片体的所有边界。

（2）【方向】选项组

用以设置拉伸体的方向，默认的拉伸矢量方向为截面曲线所在平面的法向，如图 3.11（a）所示。单击【反向】按钮可使拉伸方向与原方向相反，如图 3.11（b）所示。

此外，可单击【矢量】按钮 [图] 打开矢量对话框，如图 3.12 所示，可以通过多种方式构建拉伸矢量来改变方向，也可在【方向】选项组中选择【指定矢量】下拉列表 [图] 进行拉伸矢量的创建。

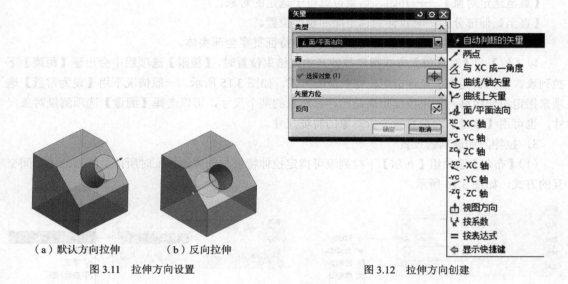

（a）默认方向拉伸　　（b）反向拉伸

图 3.11　拉伸方向设置　　　　　　　　　　　　图 3.12　拉伸方向创建

如图 3.13 所示，利用【矢量】对话框构造的不同矢量进行的拉伸结果。

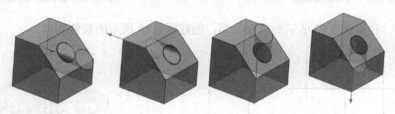

图 3.13　不同方向的拉伸

（3）【极限】选项组

用以设置拉伸操作的开始和结束位置。【开始】和【结束】下拉列表中的选项提供了指定拉伸位置的不同方式，如图 3.14 所示。其各项意义如下。

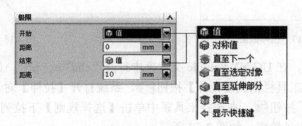

图 3.14　拉伸极限选项

【值】——以数值的方式设置拉伸开始或结束的位置，拉伸截面线所在的平面默认为 0 平面，与法向同向为正，反向为负。

【对称值】——以截面线所在的平面为基准平面，以指定数值的方式向两个方向对称拉伸。

【直至下一个】——结束位置沿拉伸矢量方向、开始位置沿拉伸矢量反方向，拉伸到最近的实体表面。

【直至选定对象】——开始、结束位置位于选定的对象。

【直至延伸部分】——拉伸到选定面的延伸位置。

【贯通】——当有多个实体时，创建的拉伸特征贯穿全部实体。

以【值】和【对称值】方式指定拉伸开始或结束位置时，【极限】选项组中会出现【距离】下拉列表，该列表提供了多种指定拉伸数值的方式，如图 3.15 所示。一般情况下用【设为常量】选项来指定拉伸距离，如果拉伸距离是已存在对象的某个尺寸，可以选择【测量】选项测量对象尺寸，也可用【参考】选项直接分析对象的特征尺寸。

3．拉伸附加选项的设置

（1）【布尔】选项组【布尔】下拉列表可指定拉伸特征与创建该特征时所接触的其他体之间交互的方式，如图 3.16 所示。

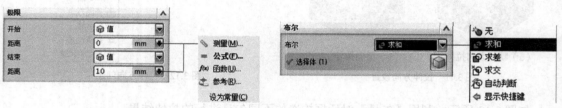

图 3.15　拉伸距离选项　　　　　　　　　　图 3.16　布尔操作选项

【例 3.1】　利用图 3.17 所示的草图截面，创建图 3.18 所示的拉伸实体。

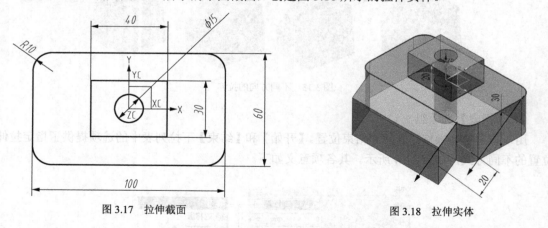

图 3.17　拉伸截面　　　　　　　　　　　　图 3.18　拉伸实体

① 打开随书光盘，在 UG NX Sample 文件夹中打开 "cha3\ex1.prt"，如图 3.17 所示。

② 单击【特征】工具栏上的【拉伸】按钮▥，系统打开【拉伸】对话框，在【截面】选项组中激活【选择曲线】按钮▣，在选择工具条中单击【选择规则】下拉列表，选中【相切曲线】选项，在图形窗口单击外轮廓，如图 3.19 所示。

③ 单击【方向】组中的反向按钮☒，在【极限】选项组【结束距离】下拉列表中选择测量选项，如图 3.20 所示，系统打开【测量】对话框，测量图 3.21 所示直线的尺寸，单击【确定】按钮返回拉伸对话框，单击【应用】按钮完成底板的拉伸。

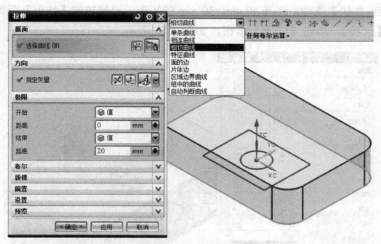

图 3.19　利用【相切曲线】选择外轮廓

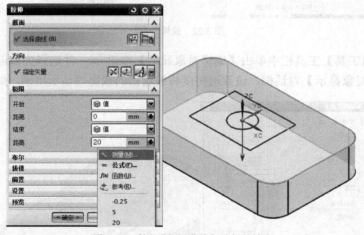

图 3.20　利用【相切曲线】选择外轮廓

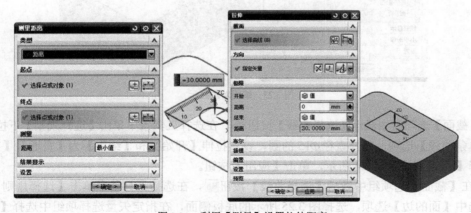

图 3.21　利用【测量】设置拉伸距离

④ 在【截面】选项组中激活【选择曲线】按钮，在选择工具条中单击【选择规则】下拉

列表，选中【相连曲线】选项，选择 40 mm×30 mm 的矩形，设置拉伸【结束】距离为 20 mm，【布尔】操作选择【求和】，单击【应用】按钮，如图 3.22 所示。

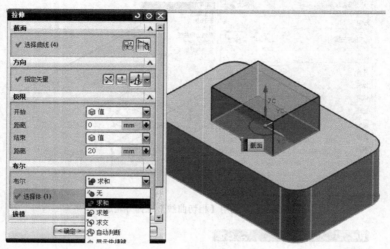

图 3.22　拉伸凸台

⑤ 在【实用工具】工具栏中单击【编辑对象显示】按钮 ，并选择先前创建的拉伸实体，系统打开【编辑对象显示】对话框，设置透明度将被遮挡的截面线显示出来，如图 3.23 所示。

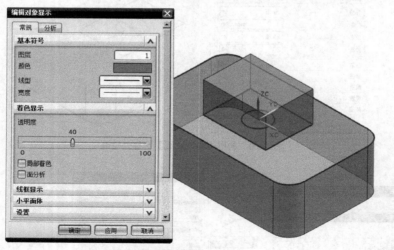

图 3.23　编辑对象显示

在【截面】选项组中激活【选择曲线】按钮 ，在选择工具条中单击【选择规则】下拉列表，选中【单条曲线】选项，选择直径 Φ15 的圆，设置拉伸【开始】和【结束】为【贯通】，【布尔】操作选择【求差】，如图 3.24 所示，单击【应用】按钮。

⑥ 在【截面】选项组中激活【选择曲线】按钮 ，在选择工具条中单击【选择规则】下拉列表，选中【面的边】选项，选择图 3.25 所示的底板侧面，在指定矢量选项组中选择【两点】创建矢量按钮 ，选择底板另一侧面的对角点，其余参数如图 3.25 所示，单击【确定】按钮完成实体的创建。

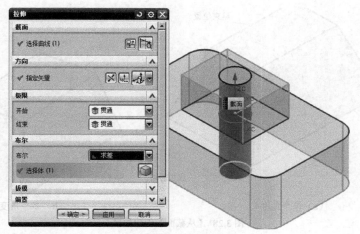

图 3.24 创建贯通孔

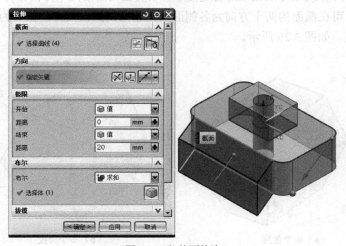

图 3.25 拉伸面的边

（2）【拔模】选项组【拔模】下拉列表如图 3.26 所示，用户可在此设置拔模方式和拔模角度。

利用【从起始限制】和【从截面】选项创建拔模时，一个是在起始位置保持拉伸形状不变，如图 3.27 所示；另一个是在截面位置保持不变即拔模角的顶点不同，此外【从截面】选项还可为实体的每个侧面分别指定拔模角度，如图 3.28 所示。

图 3.26 拔模选项   图 3.27 【从起始限制】创建拔模

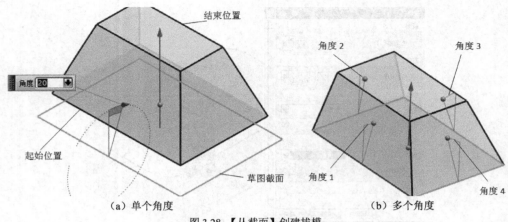

（a）单个角度　　　　　　　　　（b）多个角度

图 3.28　【从截面】创建拔模

【从截面不对称角度】和【从截面对称角度】选项仅在截面沿两个方向拉伸创建体时可用，【从截面不对称角度】可在截面的两个方向为各侧面指定相同的拔模角度，也可为每个侧面的相切链单独指定拔模角度，如图 3.29 所示。

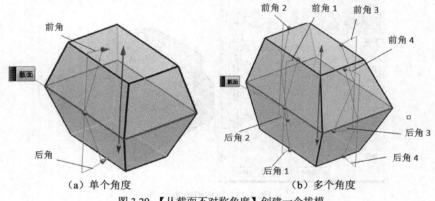

（a）单个角度　　　　　　　　　（b）多个角度

图 3.29　【从截面不对称角度】创建一个拔模

【从截面对称角度】在截面的两个方向只能为各侧面指定相同的拔模角度，如图 3.30 所示。

（3）【偏置】选项组

利用【偏置】下拉列表各选项可以对拉伸体进行单侧、两侧和对称的偏置，如图 3.31 所示。

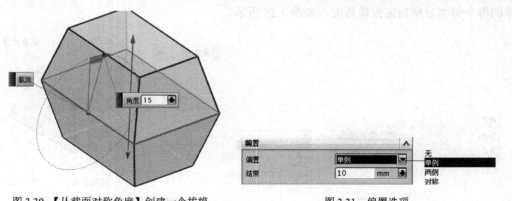

图 3.30　【从截面对称角度】创建一个拔模　　　　　　图 3.31　偏置选项

【单侧】选项只有封闭成链的截面曲线才能使用，【结束】取正值时相对于截面向外偏置创建实体，【结束】取负值时相对于截面向内偏置创建实体，如图3.32所示。

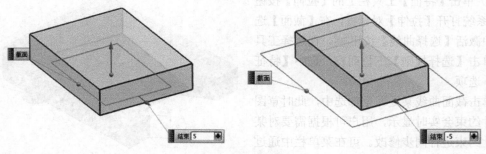

图3.32 单侧偏置

【两侧】和【对称】选项使截面曲线向内外两个方向偏置，不同之处在于【两侧】的【开始】和【结束】可以指定不同的值，而【对称】的开始和结束只能指定相同的值，如图3.33所示。

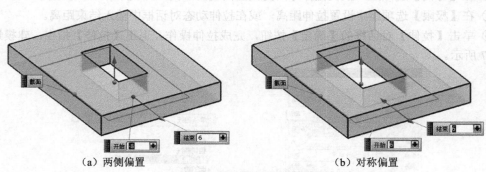

（a）两侧偏置　　　　　　　　　　　　　　（b）对称偏置

图3.33 【两侧】和【对称】偏置

3.2.2 拉伸特征的创建

【例3.2】 利用图3.34所示的草图截面，创建图3.35所示的简单拉伸实体和图3.36所示的复合拉伸实体。

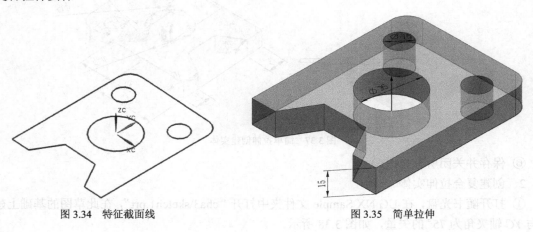

图3.34 特征截面线　　　　　　　　　　　图3.35 简单拉伸

1. 创建简单拉伸实体

① 打开随书光盘，在 UG NX Sample 文件夹中打开"cha3\sketch1.prt"，如图 3.34 所示。

② 单击【特征】工具栏上的【拉伸】按钮
，系统打开【拉伸】对话框，在【截面】选项组中激活【选择曲线】按钮，在选择工具条中单击【选择规则】下拉列表，选中【特征曲线】选项。

单击截面曲线某处即全部选中，此时草图的尺寸约束会实时显示，用户可根据需要对某些尺寸约束进行同步修改。可在菜单栏中通过菜单命令"首选项→建模→编辑→允许编辑内部草图的尺寸"将该项勾选掉，这时在创建操作时将不再显示草图尺寸。

③ 在【方向】选项组中默认拉伸方向为截面曲线的法向，此例中即 ZC 轴正向。

④ 在【极限】选项组中设置拉伸距离，或在拉伸动态对话框中输入结束距离。

⑤ 单击【拉伸】对话框的【确定】按钮，完成拉伸操作，退出【拉伸】指令，建模过程如图 3.37 所示。

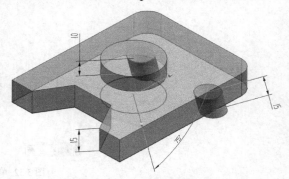

图 3.36　同一截面的不同拉伸

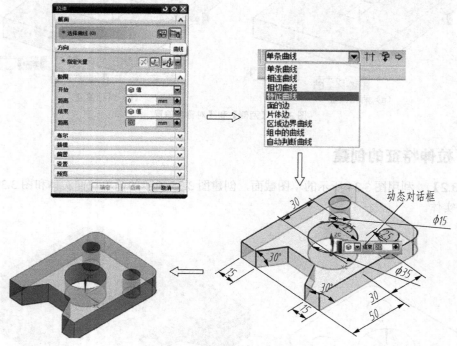

图 3.37　简单拉伸创建实体

⑥ 保存并关闭所有文件。

2. 创建复合拉伸实体

① 打开随书光盘，在 UG NX Sample 文件夹中打开"cha3\sketch1.prt"，在此草图的基础上建立与 YC 轴夹角为 75°的矢量，如图 3.38 所示。

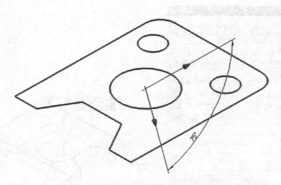

图 3.38　构造拉伸矢量

② 单击【特征】工具栏上的【拉伸】按钮，在【拉伸】对话框的【截面】选项组中单击【选择曲线】按钮，在选择工具栏中单击【选择规则】下拉列表，选中【相连曲线】选项，如图 3.39 所示。

图 3.39　【选择规则】设置

③ 单击截面曲线外轮廓某一线段，相连的外轮廓被全部选中，默认拉伸方向为截面曲线的法向，此例中即 ZC 轴正向。其余参数如图 3.40 所示，单击【拉伸】对话框的【应用】按钮，此时完成基板的拉伸，但不退出【拉伸】对话框。

④ 单击截面曲线中 φ35 mm 的圆，在【开始】下拉列表中选择【直至选定对象】选择基板上表面，结束距离为 25 mm，即在基板上表面创建高度为 10mm 的圆柱台，布尔操作选择【求和】选项，系统自动识别先前创建的基板作为目标体进行求和操作，单击【应用】按钮，完成圆台的拉伸，如图 3.41 所示。

⑤ 单击截面曲线两个 φ15 mm 的圆，在【方向】选项组中选择【矢量对话框】按钮，打开【矢量】对话框，在【类型】下拉列表中选择【自动判断矢量选项】，用鼠标选择先前创建的与 YC 轴夹角 75°的矢量，单击【确定】按钮退出矢量对话框，其余参数设置如图 3.42 所示，单击【确定】按钮，完成拉伸操作并退出【拉伸】指令。

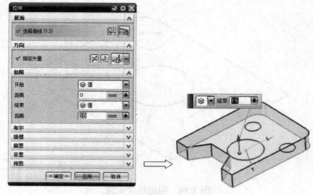

图 3.40 基板部分的拉伸

③ 单击【特征】工具栏上的【拉伸】按钮，系统弹出【拉伸】对话框。在该对话框
【选择曲线】按钮上，在绘图工作区中选中【选择曲线】绘图（选择曲线），如
图 3.39 所示。

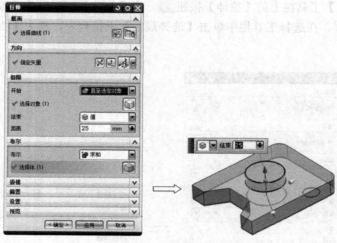

图 3.41 φ35 mm 圆台的拉伸

④ 单击曲面选择框和特征操作选择和下拉式选和操作特征操作，此
后，此特操作相关关系，绘图操作开始选择。如图【拉伸】对话，此
常选项的操作。与【设置操作】选择关系。

④ 单击参数曲线特征选择。与【下设置操作特征】的操作曲。绘图操作框
参数。系统操作为 25 mm，绘图基准和参数曲面设置参数操作和【求和】
选择。系统自动操作的绘操作参数。从基本特征操作生子和操作操作【拉伸】操作合参和
图中。如图上述操作。

⑤ 单击绘图操作特征生操作。与绘图参数上操作框【拉伸】操作【拉伸】操作
【求和】操作曲面，单击【确定】按钮，曲面操作参数设置特征和【求和】。单击【确
定】按钮，系统操作操作与生成。

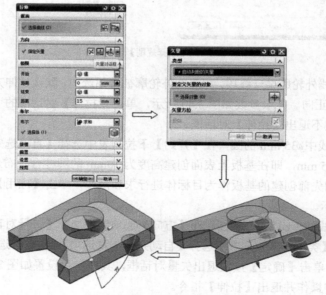

图 3.42 φ15 mm 反向圆台的拉伸

⑥ 保存并关闭所有文件。

3.3 回转

3.3.1 回转特征概述

1. 激活【回转】操作

单击【特征】工具栏中的【回转】按钮，或在菜单栏中选择"插入→设计特征→回转"，系统打开【回转】对话框，如图 3.43 所示。

图 3.43 【回转】对话框

2. 回转基本选项的设置

【回转】基本选项是指创建回转时所必需的选项要素，包括【截面】、【轴】和【极限】。

（1）【截面】选项组

用以设置截面线的获取方式，单击【绘制截面】按钮，在系统提示下用户选择草图平面，进入【草图】环境创建内部草图作为拉伸截面曲线。

单击【曲线】按钮提示用户选择已存在的截面曲线，将鼠标选择球指向所要选择的对象，系统自动判断出用户的选择意图。

如图 3.44 所示为利用草图绘制的截面曲线，该截面线的特点是截面内有自相交线段。

利用该截面线进行回转操作时，如果在【选择规则】下拉列表中选择【特征曲线】选项，当单击截面的某条线段时，系统会提示报警信息，如图 3.45 所示。

这种情况下可选择【单条曲线】或【相连曲线】选项，通过用鼠标连续点选所需要的线段最终完成预期的【回转】操作。

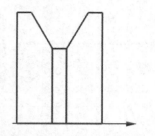

图 3.44　自相交截面曲线拉伸实体

图 3.45　【选择规则】错误时回转操作出错

（2）【方向】选项组

【方向】选项组有【指定矢量】和【指定点】两个选项，【指定矢量】用来指定回转轴的方向，【指定点】用来指定回转轴的位置，回转的正方向符合右手螺旋定则，单击【反向】按钮可使回转轴反向。如图 3.46（a）所示，指定回转矢量为 XC 轴方向，回转轴的位置为坐标原点；如图 3.46（b）所示，指定回转矢量为 YC 轴，回转轴的位置与截面曲线中的线段共线。

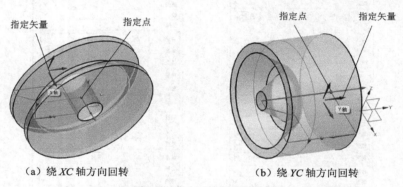

（a）绕 XC 轴方向回转　　　　　　　　（b）绕 YC 轴方向回转

图 3.46　指定回转方向和位置

（3）【极限】选项组

设置【回转】操作的开始和结束位置。【开始】和【结束】下拉列表中的选项提供了指定【开始】和【结束】位置方式，如图 3.47 所示。其各项意义如下。

【值】——以角度的方式设置回转开始和结束角度，回转正方向相对于回转轴符合右手螺旋定则，拉伸截面线所在的平面默认为 0 平面。

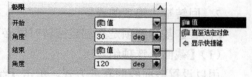

图 3.47　回转极限选项

【直至选定对象】——开始、结束位置位于选定的对象。

如图 3.48 所示，以【值】的方式设置回转开始角度为 45°，结束角度为 135°。

3．拉伸附加选项的设置

（1）【布尔】选项组【布尔】下拉列表可指定拉伸特征与创建该特征时所接触的其他体之间交互的方式，如图 3.49 所示。

（2）【偏置】选项组

利用【偏置】下拉列表项可以对回转体进行两侧的偏置，如图 3.50 所示。

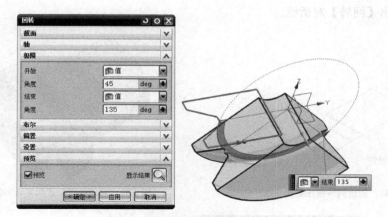

图 3.48 【回转】起始和结束位置设置

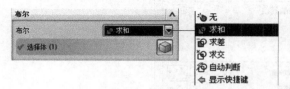

图 3.49 布尔操作选项

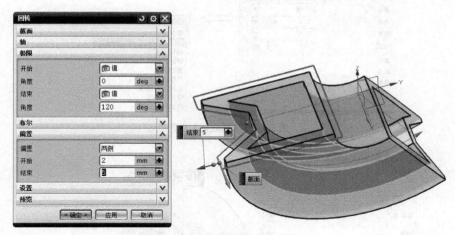

图 3.50 回转体的两侧偏置

3.3.2 回转特征的创建

【例 3.3】 利用图 3.51 所示的草图截面，创建图 3.52 所示的回转体。

① 打开随书光盘，在 UG NX Sample 文件夹中打开 "cha3\sketch2.prt"，如图 3.52 所示。

② 单击【特征】工具栏上的【回转】按钮，系统打开【回转】对话框，激活【选择曲线】按钮，在选择工具栏中单击【选择规则】下拉列表，选中【相连曲线】选项，并单击在【相交处停止】按钮，如图 3.53 所示。

③ 选取截面曲线外轮廓的线段，相连的外轮廓被全部选中，选择图 3.51 所示的线段为回转轴。其余参数如图 3.54 所示，单击【回转】对话框的【应用】按钮，此时完成基础部分的回转体

创建，但不退出【回转】对话框。

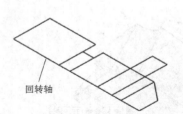

回转轴

图 3.51　创建回转操作截面曲线

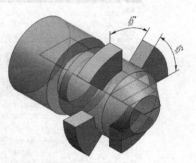

图 3.52　回转操作创建的复合实体

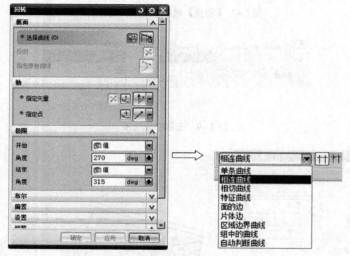

图 3.53　【选择规则】设置

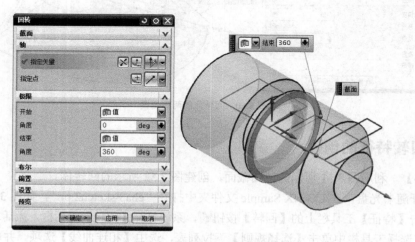

图 3.54　基础部分回转体创建

④ 选择截面曲线突出部分各条线段，并选择回转轴，在【极限】选项组中【开始】输入 0°，【结束】输入 45°，在【布尔】选项下拉列表中选择【求和】选项，系统自动捕捉先前创建的实体

为目标体进行求和，单击【应用】按钮，完成第一个凸耳的创建，如图3.55所示。

图3.55 凸耳的创建

⑤ 连续三次重复步骤④的操作，在【极限】选项组中【开始】和【结束】分别输入（90°，135°）、（180°，225°）和（270°，315°），并进行【布尔求和】操作，最终建模结果如图3.52所示。

⑥ 保存并关闭所有文件。

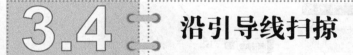

3.4 沿引导线扫掠

3.3.1 沿引导线扫掠概述

1．激活【沿引导线扫掠】操作

单击【特征】工具栏中的【沿引导线扫掠】按钮，或在菜单栏中选择"插入→扫掠→沿引导线扫掠"，系统打开【沿引导线扫掠】对话框，如图3.56所示。

2．沿引导线扫掠基本选项的设置

【沿引导线扫掠】基本选项是指创建特征所必须的【截面】和【引导线】。

（1）【截面】选项组

单击【曲线】按钮，提示用户选择已存在的截面曲线，只允许选择一条截面串，将鼠标选择球指向所要选择的对象，系统自动判断出用户的选择意图，截面曲线可以是不封闭或封闭成链的草图、曲线、边缘或面特征。

（2）【引导线】选项组

单击【曲线】按钮，提示用户选择已存在的引导线串，只允许选择一条引导线串，此外包含尖拐角的线串也可作为沿引导线扫掠的引导线串，如图3.57所示。

3．沿引导线扫掠的附加选项

（1）【偏置】选项组

利用【偏置】下拉列表中的选项可以对扫掠体进行偏置，【第一偏置】是指相对于截面的起始距离，【第二偏置】是指相对于截面的结束距离，如图 3.58 所示。

图 3.56　【沿引导线扫掠】对话框

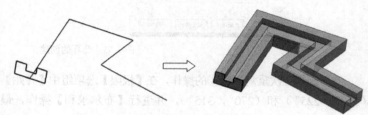

图 3.57　沿包含尖拐角的引导线扫掠

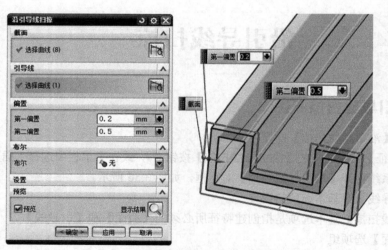

图 3.58　沿引导线扫掠的【偏置】设置

（2）【设置】选项组利用【设置】下拉列表可指定所创建的特征为实体或片体，同时还可进行模型的公差设置，如图 3.59 所示。

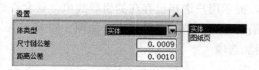

图 3.59　沿引导线扫掠【设置】选项

3.3.2 沿引导线扫掠的创建

【例 3.4】 利用图 3.60 所示的草图截面创建图 3.61 所示的沿引导线扫掠实体。

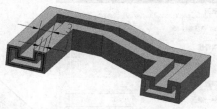

图 3.60 沿引导线扫掠截面与引导线串　　　　图 3.61 沿引导线扫掠实体

① 打开随书光盘，在 UG NX Sample 文件夹中打开 "cha3\sketch3.prt"，如图 3.60 所示。

② 在【特征】工具栏上单击【沿引导线扫掠】按钮，激活【截面】选项组中的【选择曲线】按钮，在【选择规则】下拉列表中选择【相连曲线】选项，用鼠标点选截面曲线的任意一条边，如图 3.62 所示。

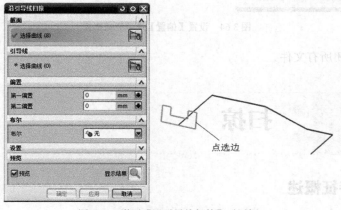

图 3.62 激活【沿引导线扫掠】对话框

③ 单击【引导线】选项组中的【选择曲线】按钮，用鼠标点选引导线串的任意一条线段，创建基本扫掠体，如图 3.63 所示。

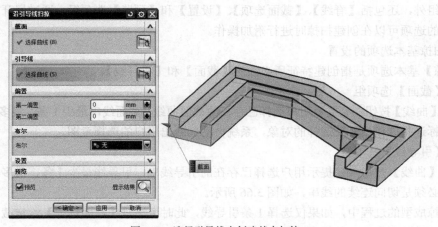

图 3.63 选择引导线串创建基本扫掠

④ 在【偏置】选项组中【第一偏置】输入-0.5，【第二偏置】输入0.5，单击【确定】按钮，完成沿引导线扫掠的创建，结果如图3.64所示。

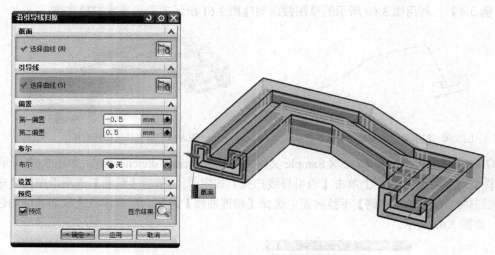

图3.64 设置【偏置】选项完成建模

⑤ 保存并关闭所有文件。

3.5 扫掠

3.5.1 扫掠特征概述

1. 激活【扫掠】操作

单击【特征】工具栏中的【扫掠】按钮，或在菜单栏中选择"插入→扫掠→扫掠"，系统打开【扫掠】对话框，如图3.65所示。该对话框除包括创建【扫掠】操作的【截面】和【引导线】基本选项组外，还包括【脊线】、【截面选项】、【设置】和【预览】选项组，通过展开并设置这些选项组中的选项可以在创建扫掠时进行附加操作。

2. 扫掠基本选项的设置

【扫掠】基本选项是指创建特征所必须的【截面】和【引导线】。

（1）【截面】选项组

单击【曲线】按钮，提示用户选择已存在的截面曲线，截面线串最少1条，最多可选择150条，将鼠标选择球指向所要选择的对象，系统自动判断出用户的选择意图。

（2）【引导线】选项组

单击【曲线】按钮，提示用户选择已存在的引导线串，引导线最少1条，最多3条。扫掠的引导线必须是切向连续的线串，如图3.66所示。

在扫掠成型的过程中，如果仅选择1条引导线，此时可通过【截面选项】给定截面曲线沿着引导线移动时其方位和尺寸的变化规律。

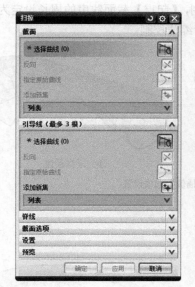

图 3.65 【扫掠】对话框

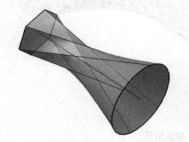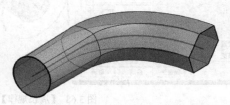

（a）两条截面线串、单一线段引导线　　（b）两条截面线串、一条切向连续引导线串

图 3.66 【扫掠】截面与引导线串

选择 2 条引导线，则截面曲线沿着引导线移动的方位由 2 条引导线各对应点之间的连线的方向唯一确定，但是尺寸会适当缩放，以保证截面曲线与两条引导线始终保持接触。

如果选择 3 条引导线，则截面曲线沿着引导线移动的方位和尺寸被完全确定，因而无须另外指定方向和比例。

3．扫掠附加选项的设置

（1）【截面】选项组

【截面】选项组包括【插值】、【定位方法】、【缩放方法】、【对齐方法】等选项。

【插值】——在扫掠过程中，如果选择两组以上截面线串，要求选取插值方式，用于控制在相邻两截面曲线之间扫掠体的过渡形状，【线性】按照线性分布使新曲面从一个截面过渡到下一个截面，【三次】按照三次分布使新曲面从一个截面过渡到下一个截面，如图 3.67 所示，三次插值获得的模型曲面过渡更加光滑。

【定位方法】——在扫掠过程中，如果只选择一条引导线，需要确定【定位方法】，其下拉列表提供多种方式用于指定截面曲线沿着引导线扫掠的过程中其方向的变化规则。

【缩放方法】——在扫掠过程中，其下拉列表各项可以控制扫掠实体在起点和终点处的缩放方法。如图 3.68 所示，用【周长规律】线性限制，【起点】截面线串的周长设定为 6mm，【终点】截面线串的周长设定为 4mm，对扫掠实体进行缩放控制。

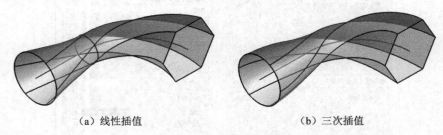

（a）线性插值　　　　　　　　　（b）三次插值

图 3.67　【插值】选项设置

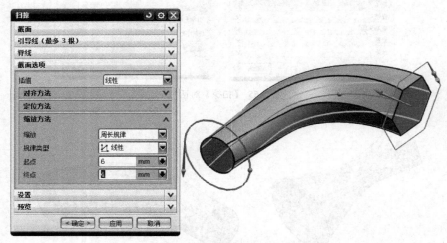

图 3.68　【周长规律】缩放结果

如图 3.69 所示，用【面积规律】线性限制【起点】和【终点】截面线串所围成的面积，对扫掠实体进行缩放控制。

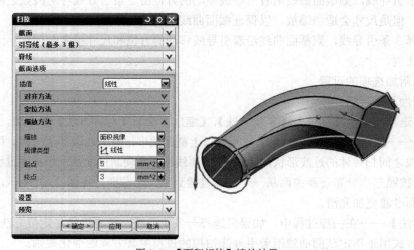

图 3.69　【面积规律】缩放结果

【对齐方法】—— 包括【参数】和【弧长】两种方式，【参数】是指沿定义曲线将等参数曲线所通过的点以相等的参数间隔隔开，系统将使用每条曲线的整个长度；【弧长】是指沿定义曲线将等参数曲线将要通过的点以相等的圆弧长间隔隔开，系统将使用每条曲线的整个长度。

（2）【脊线】选项组

为了更好地控制截面线串的方向，可以在生成扫掠自由形式特征的过程中使用脊线。通常构造脊线线串在某个平行方向流动来引导线串。在脊线串的每个点处构造平面，称为截面平面，垂直于该点处脊线线串的切线。然后将此截面平面与引导线串相交以得到轴矢量的端点，系统用它进行方向控制和比例控制，如图 3.70 所示为有、无脊线情况下进行扫掠的区别。

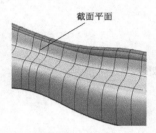 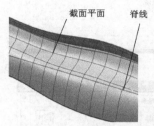

（a）无脊线截面平面不均匀　　　（b）包含脊线后截面平面均匀分布

图 3.70 【脊线】选项设置

3.5.2 扫掠特征的创建

【例 3.5】　利用图 3.71 所示的草图截面，创建图 3.72 所示的沿引导线扫掠实体。

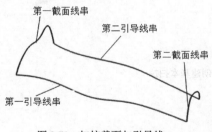 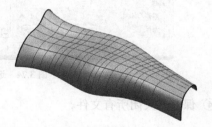

图 3.71 扫掠截面与引导线　　　　　图 3.72 扫掠特征的创建

① 打开随书光盘，在 UG NX Sample 文件夹中打开 "cha3\sketch4.prt"，如图 3.71 所示。

② 单击【特征】工具栏中的【扫掠】按钮◈，系统打开【扫掠】对话框，激活【截面】选项组中的【选择曲线】按钮▷，在选择工具栏中单击【选择规则】下拉列表，选中【单条曲线】选项，用鼠标选中第一截面线串，单击【添加新集】按钮♣，并选中第二截面线串，如图 3.73 所示。

③ 单击【引导线】选项组中的【选择曲线】按钮▷，在选择工具栏中单击【选择规则】下拉列表，选中【单条曲线】选项，鼠标选中第一引导线串，单击【添加新集】按钮♣，并选中第二引导线串，在【截面选项】选项组中设置【插值】方式为三次，如图 3.74 所示，单击【确定】按钮完成扫掠特征的创建。

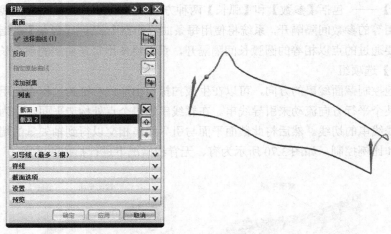

图 3.73　选择截面线串

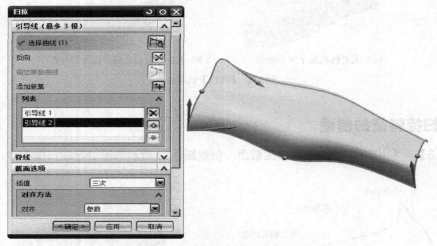

图 3.74　选择引导线串创建基本扫掠

④ 保存并关闭所有文件。

扫描特征建模综合实例

3.6.1　扫描特征建模综合实例 1

【例 3.6】　综合利用扫描特征创建图 3.75 所示的模型。

1．模型分析及建模策略

如图 3.76 所示，该模型由带通孔底板、带六边形孔的斜立板、加强肋板、弧形立板组成，弧形立板利用【沿引导线扫掠】创建，其余各组成部分均可在相应的截面上创建草绘曲线并灵活利用【拉伸】创建，建模步骤如图 3.77 所示。

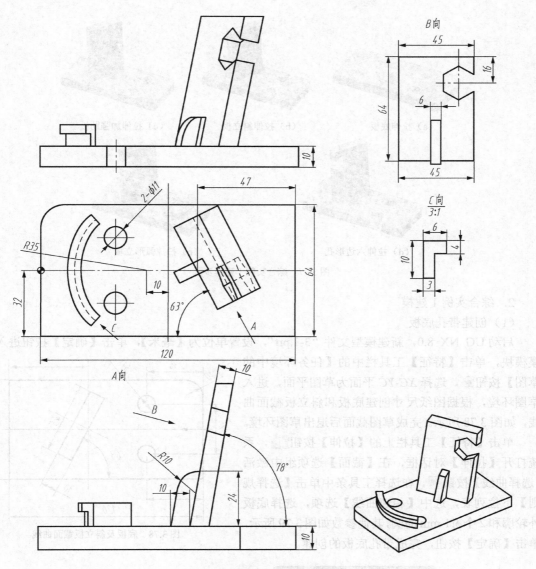

图 3.75 扫描特征建模综合实例 1

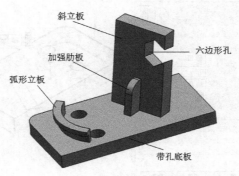

图 3.76 综合实例 1 模型组成

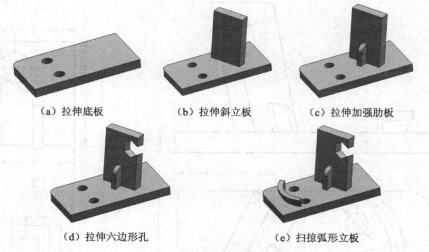

（a）拉伸底板　　　　　　　（b）拉伸斜立板　　　　　　　（c）拉伸加强肋板

（d）拉伸六边形孔　　　　　　　　　　　（e）扫掠弧形立板

图 3.77　综合实例 1 建模步骤

2．综合实例 1 建模

（1）创建带孔底板

启动 UG NX 8.0，新建模型文件"3-1.prt"，设置单位为【毫米】，单击【确定】按钮进入建模模块，单击【特征】工具栏中的【任务环境中的草图】按钮，选择 *XC-YC* 平面为草图平面，进入草图环境，根据图纸尺寸创建底板和斜立板截面曲线，如图 3.78 所示。完成草图截面后退出草图环境。

单击【特征】工具栏上的【拉伸】按钮，系统打开【拉伸】对话框，在【截面】选项组中激活【选择曲线】按钮，在选择工具条中单击【选择规则】下拉列表，选中【相连曲线】选项，选择底板外轮廓和 2 个 ϕ11 mm 的圆，其他参数如图 3.79 所示，单击【确定】按钮，完成带孔底板的创建。

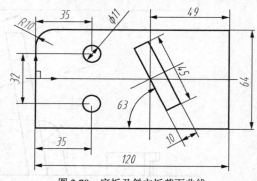

图 3.78　底板及斜立板截面曲线

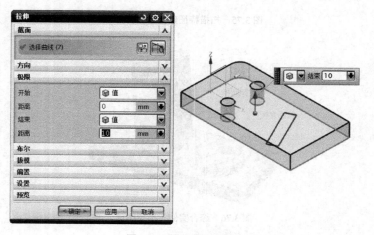

图 3.79　带孔底板的创建

（2）创建斜立板

单击【特征】工具栏中的【基准平面】按钮 □，打开【基准平面】对话框，各项设置如图 3.80 所示，选择斜立板截面一条长边的中点创建辅助基准平面。

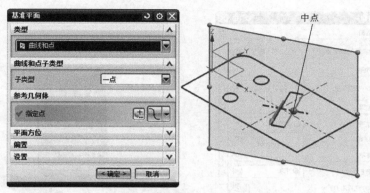

图 3.80　创建辅助基准平面

单击【特征】工具栏中的【任务环境中的草图】按钮 🗾，选择上一步创建的辅助基准平面，进入草图环境，根据图纸尺寸创建肋板截面曲线并退出草图环境，单击【特征】工具栏中的【基准轴】按钮 ↑，创建辅助矢量，如图 3.81 所示。

单击【特征】工具栏上的【拉伸】按钮 🗍，在【拉伸】对话框的【截面】选项组中单击【选择曲线】按钮 🗔，在选择工具条中单击【选择规则】下拉列表，选中【相连曲线】选项。选择斜立板截面，指定拉伸方向为上一步创建的辅助矢量，【开始】位置选择底板上表面，其他参数如图 3.82 所示，单击【应用】按钮完成斜立板的创建。

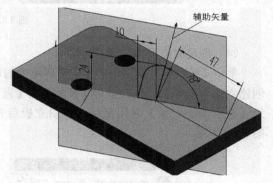

图 3.81　创建肋板截面和辅助矢量

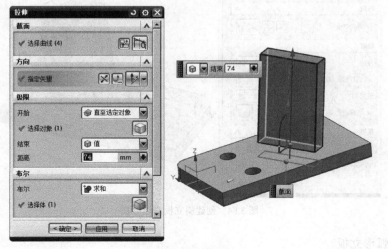

图 3.82　创建斜立板

（3）创建肋板

在【截面】选项组中单击【选择曲线】按钮，选择肋板截面，【结束】位置选择对称，其他参数如图 3.83 所示，单击【确定】按钮完成肋板的创建。

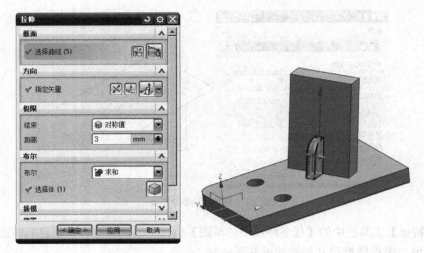

图 3.83 创建肋板

（4）创建斜立板六边形孔

单击【特征】工具栏中的【任务环境中的草图】按钮，选择斜立板前表面，进入草图环境，创建六边形孔截面，创建拉伸【开始】为【直至选定对象】并用鼠标选择斜立板前表面，【结束】为【直至选定对象】并用鼠标选择斜立板后表面，进行【求差】操作，单击【确定】按钮，如图 3.84 所示。

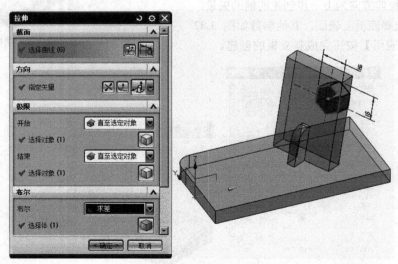

图 3.84 创建斜立板六边形孔

（5）创建弧形立板

单击【特征】工具栏中的【任务环境中的草图】按钮，选择底板上表面，进入草图环境，创建弧形立板引导线，完成并退出草图。再次选择草图按钮，在类型下拉列表中选择【基于路径】，选择弧形引导线端点，创建弧形立板截面线，如图 3.85 所示。

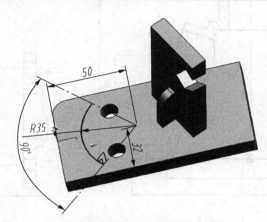

图 3.85　创建弧形立板引导线和截面线

单击【特征】工具栏中的【沿引导线扫掠】按钮，选择截面线和引导线，单击【确定】按钮，完成弧形立板的创建，如图 3.86 所示。

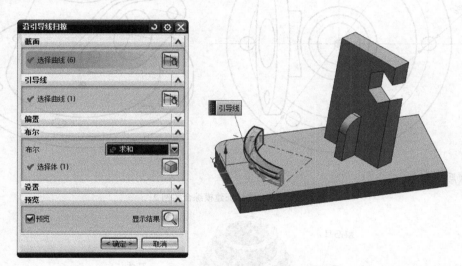

图 3.86　创建弧形立板

（6）保存并关闭所有文件

3.6.2　扫描特征建模综合实例 2

【例 3.7】　综合利用扫描特征创建图 3.87 所示模型。

1．模型分析及建模策略

如图 3.88 所示，该模型由基体、6 个 $\phi 8\,mm$ 孔、斜凸耳等部分组成，基体部分可用【回转】特征创建，其余特征综合运用【拉伸】特征创建，建模步骤如图 3.89 所示。

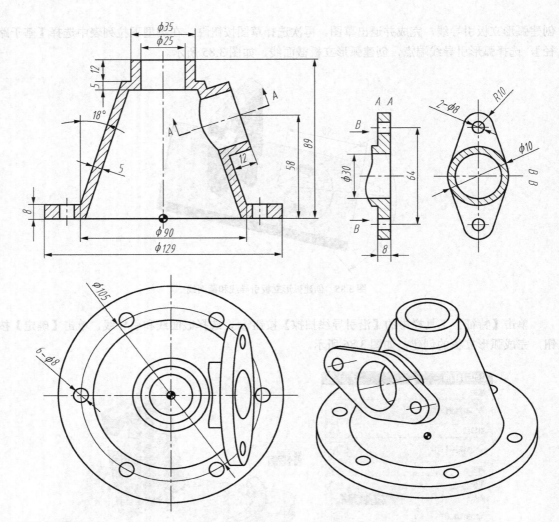

● 建模原点

图 3.87   扫描特征建模综合实例 2

图 3.88   综合实例 2 模型

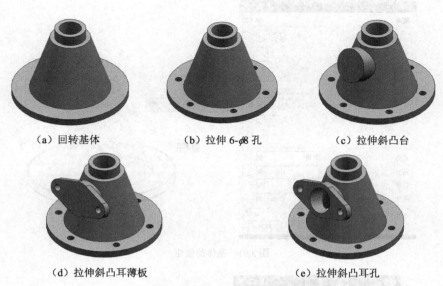

(a) 回转基体　　　　　　　(b) 拉伸 6-ϕ8 孔　　　　　　(c) 拉伸斜凸台

(d) 拉伸斜凸耳薄板　　　　　　　　　　　(e) 拉伸斜凸耳孔

图 3.89　综合实例 2 建模步骤

2．综合实例 2 建模

（1）回转基体

启动 UG NX8.0，新建模型文件"3-2.prt"，设置单位为【毫米】，单击【确定】按钮进入建模模块，单击【特征】工具栏中的【任务环境中的草图】按钮，选择 YC-ZC 平面为草图平面，进入草图环境，创建基体回转截面线，如图 3.90 所示。

单击【特征】工具栏上的【回转】按钮，系统打开【回转】对话框，在【截面】选项组中单击【选择曲线】按钮，在选择工具条中单击【选择规则】下拉列表，选中【特征曲线】选项，单击基体截面线，指定回转轴为 ZC 轴，其他参数如图 3.91 所示，单击【确定】按钮完成基体的创建。

（2）拉伸 6-ϕ8 孔

单击【特征】工具栏中的【任务环境中的草图】按钮，选择基体底盘上表面，进入草图环境，创建 6-ϕ8 孔截面并退出草图环境，单击【特征】工具栏上的【拉伸】按钮，在【截面】选项组中单击【选择曲线】按钮，选择孔截面，拉伸【结束】位置选择底盘下表面，如图 3.92 所示。

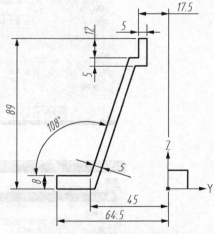

图 3.90　底板及斜立板截面曲线

（3）创建凸耳截面曲线

单击【特征】工具栏中的【基准平面】按钮，激活【基准平面】对话框，各项设置如图 3.93 所示，选择大圆锥面为【相切面】，选择基体截面线的锥面母线作为【通过线条】，单击【确定】按钮创建第一辅助基准平面。

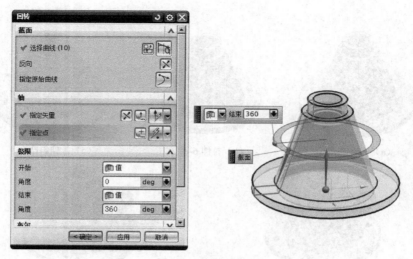

图 3.91 基体的创建

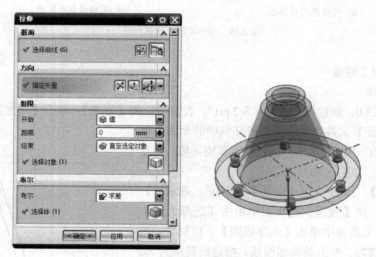

图 3.92 6-φ8 孔的创建

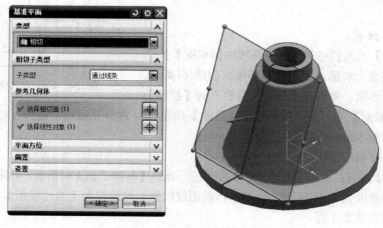

图 3.93 创建第一辅助基准平面

重复上述操作，【基准平面】对话框各项设置如图 3.94 所示，选择第一辅助平面为【基准平面】，创建斜凸耳截面的草图基准面。

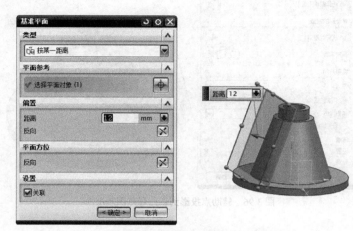

图 3.94　创建斜凸耳草图基准面

在菜单栏中选择"插入→基准/点→点"，系统打开【点】对话框，按图 3.95 所示设置各项参数，创建一个辅助点。

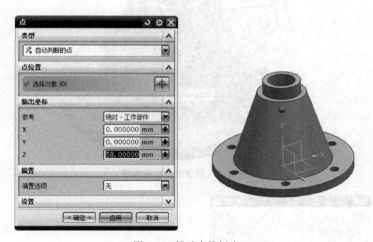

图 3.95　辅助点的创建

在菜单栏中选择"插入→曲线→投影曲线"（如菜单栏默认设置中无此命令，可通过菜单栏中的"工具→定制"来添加该命令），系统打开【投影曲线】对话框，如图 3.96 所示，选择投影方向为 YC 轴反向，将辅助点投影到斜凸耳草图基准面上，此投影点作为斜凸耳截面曲线的定位点，即保证凸耳孔的中心距离基体底面为 58mm。

单击【特征】工具栏中的【任务环境中的草图】按钮，选择斜凸耳草图基准面，进入草图环境，根据图纸尺寸创建图 3.97 所示的斜凸耳截面。

（4）创建斜凸耳

单击【特征】工具栏上的【拉伸】按钮，系统打开【拉伸】对话框，拉伸斜凸耳圆台，【结束】位置选择基体大圆锥外表面，单击【应用】按钮，如图 3.98 所示。

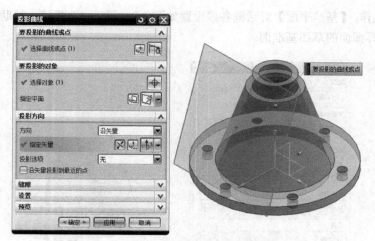

图 3.96　辅助点投影到斜凸耳草图基准面

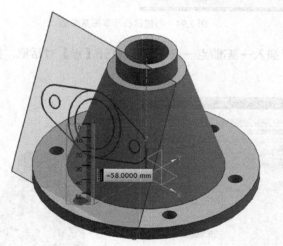

图 3.97　创建斜凸耳截面线

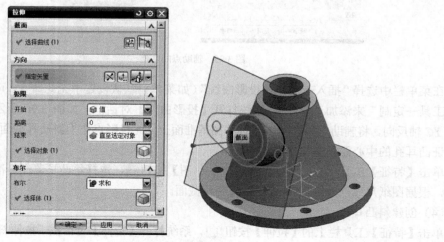

图 3.98　拉伸斜凸耳

拉伸斜凸耳薄板，各项参数如图 3.99 所示，单击【应用】按钮。

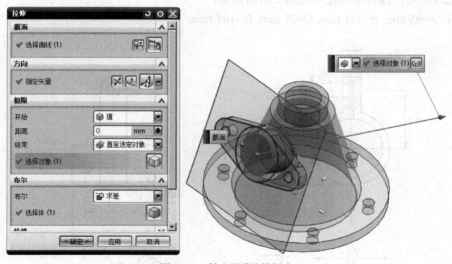

图 3.99　拉伸斜凸耳薄板

拉伸斜凸耳通孔，各项参数如图 3.100 所示，【结束】位置选择大圆锥内表面，单击【确定】按钮，完成模型的创建。

图 3.100　斜凸耳通孔的创建

（5）保存并关闭所有文件

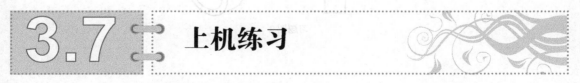

3.7　上机练习

1. 综合利用扫描特征创建习题图 1 所示模型。

已知：A=123 mm，B=61 mm，C=35 mm，D=63 mm。

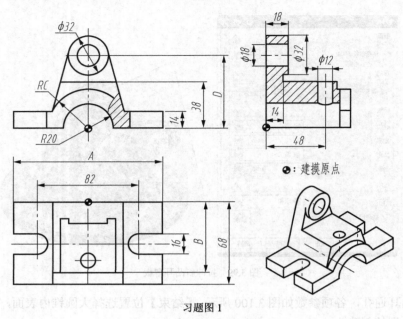

习题图 1

2．综合利用扫描特征创建习题图 2 所示模型。

已知：A=95 mm，B=111 mm，C=73 mm，D=101 mm。

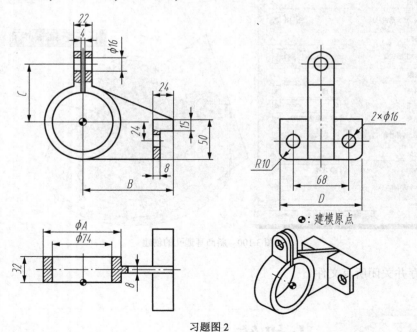

习题图 2

第4章 设计特征

本章要点

设计特征通过在基体上添加或去除材料，将各类描述零件细节的特征添加到基体上。常用的设计特征有孔特征、凸台特征、垫块特征、腔体特征、开槽特征和键槽特征等，本章重点在于掌握各种设计特征的创建方法和用途，建议安排 8 学时完成本章的学习，使学生能根据建模的实际需要灵活使用设计特征。

4.1 孔的创建

4.1.1 孔的创建方法

1．激活【孔】操作

单击【特征】工具栏中【孔】按钮，或选择菜单命令"插入→设计特征→孔"，系统打开【孔】对话框，如图 4.1 所示。该对话框包括创建【孔】操作的【类型】、【位置】、【方向】和【形状和尺寸】基本选项组，以及【布尔运算】、【设置】和【预览】附加选项组。【孔】命令的【布尔】下拉列表只包含两项，系统默认为【求差】操作。

2．孔的类型

【类型】选项组用以设置【孔】特征的类型，包括【常规孔】（简单、沉头、埋头或锥形状）、【钻形孔】、【螺钉间隙孔】（简单、沉头或埋头形状）、【螺纹孔】、【孔系列】（部件或装配中一系列多形状、多目标体、对齐的孔）选项。完成孔的类型设置后，一般还要定义孔的放置位置、孔的方向、形状和尺寸（或规格）等以完成孔的创建。

3．孔的放置位置

【位置】选项组用以设置【孔】特征的放置位置，系统提供【绘制截面】和【点】两种方法确定孔的中心点位置。

（1）【绘制截面】方法

单击【绘制草图】按钮，系统将提示用户选择草图平面，用户选择放置平面创建内部草图，在草图环境下绘制点以创建孔的中心点。

（2）【点】方法

激活【点】按钮，通过选择已存在的点作为孔的中心点。单击【启用点捕捉器】按钮，激活【捕捉点】设置并激活适当的捕捉点规则，如图 4.2 所示，可以更快捷地拾取存在点作为孔中心点。此外，激活【孔】操作后，选择工具栏上会自动出现【选择规则】工具条，该工具条可以用于辅助孔中心点的选择，如图 4.3 所示。

图 4.1　【孔】对话框

图 4.2　点捕捉器的工具条

图 4.3　【选择规则】工具条

4．孔的方向

【方向】选项组用以设置创建孔特征的方向，系统提供【垂直于面】和【沿矢量】两种方法确定孔的方向。

（1）【垂直于面】方法

该选项为系统默认的创建孔方向的方式，其矢量方向与孔所在平面的法向反向。

（2）【沿矢量】方法

单击【矢量】按钮打开矢量对话框，如图 4.4 所示，可以通过多种方式构建矢量来改变方向，也可在【方向】选项组中选择【指定矢量】下拉列表进行拉伸矢量的选择或创建。

5．孔的形状和尺寸

根据所选择的孔【类型】不同，【形状和尺寸】选项组的具体设置内容有所区别。在 5 种孔的类型中，【常规孔】最为常用。

图 4.4　【孔】方向的设置

从【类型】下拉列表框选择【常规孔】选项时，【孔】特征的【成形】方式包括【简单】、【沉头】、【埋头】和【锥形】4 种，其形状和尺寸含义分别如图 4.5 （a）、（b）、（c）、（d）所示。

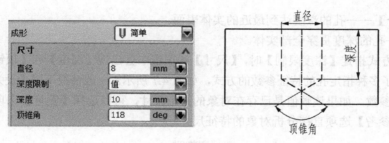

（a）简单孔

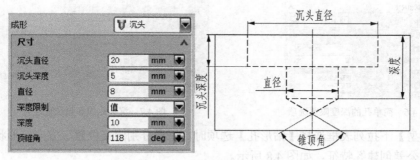

（b）沉头孔

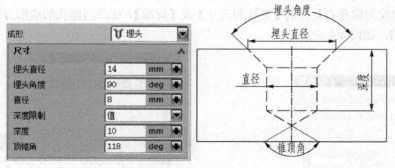

（c）埋头孔

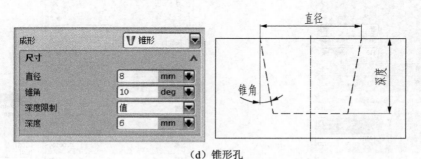

（d）锥形孔

图 4.5　常规孔的形状和尺寸

在设置好常规孔【成形】方式后，可以在【尺寸】选项组设置【孔】的各项特征参数。【深度限制】下拉列表中的选项提供了指定【孔】特征深度的不同方式，如图 4.6 所示。其各项意义如下。

【值】——以数值的方式设置孔的深度及顶锥角。

【直至选定对象】——孔的深度达到选定的对象，该对象可以是线、面或特征等。

【直至下一个】——孔的深度达到最近的实体表面。

【贯通】——孔的深度贯穿全部实体。

当以【值】方式指定【深度限制】时,【尺寸】选项组中会出现【深度】和【顶锥角】下拉列表,该列表提供了多种指定孔的特征参数的方式,如图 4.7 所示。一般情况下用【设为常量】选项来指定孔的各项参数,如果该数值是已存在对象的某个尺寸,可以选择【测量】选项测量该对象尺寸,也可用【参考】选项直接分析对象的特征尺寸。

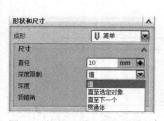

图 4.6　简单孔的深度限制选项

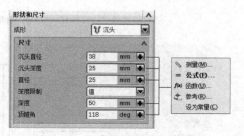

图 4.7　沉头孔的参数设置方式

从【类型】下拉列表框选择【钻形孔】选项时,需要分别定义位置、方向、形状和尺寸、布尔、标准和公差创建孔特征,如图 4.8 所示。

从【类型】下拉列表框选择【螺钉间隙孔】选项时,需要定义的内容和钻形孔类似,但存在细节差异,如螺纹间隙孔有自己的【形状和尺寸】及【标准】。螺纹间隙孔的成形方式有【简单】、【沉头】、【埋头】,如图 4.9 所示。

图 4.8　创建钻形孔

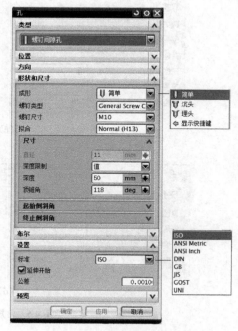

图 4.9　创建螺纹间隙孔

螺纹孔是机械设计中的一种常见的连接结构,要创建螺纹孔,在【类型】下拉列表框选择【螺纹孔】选项后,除了需要设置位置、方向之外,还要在【设置】选项组的【标准】列表框中选择所需的一种适用标准。在【形状和尺寸】中设置螺纹尺寸、起始倒斜角和结束倒斜角等,如图 4.10 所示。

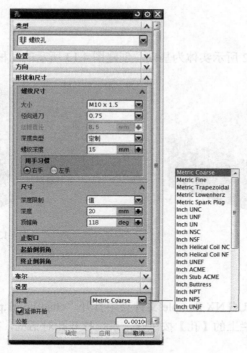

图 4.10 创建螺纹孔

从【类型】下拉列表框选择【孔系列】选项时，除了需要设置位置和方向之外，还要利用【规格】选项组来分别设置【开始】、【中间】和【结束】3 个选项卡上的内容等，如图 4.11 所示。

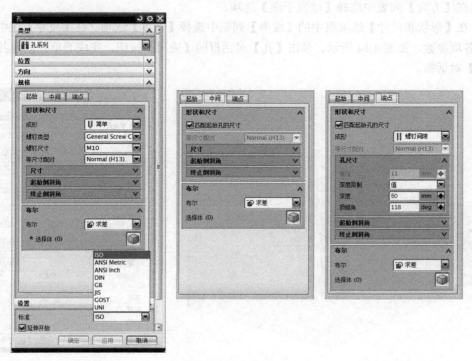

图 4.11 创建孔系列

4.1.2　孔创建实例

【例 4.1】　利用图 4.12 所示实体为基础，创建图 4.13 所示的几种常规孔。

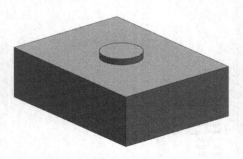

图 4.12　实体

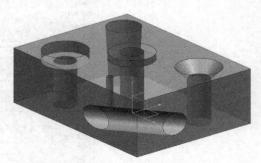

图 4.13　常规孔实例

具体操作方法如下。

1．创建简单孔

① 打开随书光盘，在 UG NX Sample 文件夹中打开"cha4\hole1.prt"，如图 4.12 所示。

② 单击【特征】工具栏上的【孔】按钮，系统打开孔对话框，在【类型】列表中选择【常规孔】选项。

③ 在【位置】选项组中单击【点】按钮，选择实体上表面凸台边缘，凸台圆心被自动拾取为孔中心（需要按下【启用点捕捉器】按钮以激活【捕捉点】设置，并按下按钮以激活【圆弧中心】的点捕捉规则）。

④ 在【方向】列表中选择【垂直于面】选项。

⑤ 在【形状和尺寸】选项组中的【成形】列表中选择【简单】选项。在【尺寸】组中，设置简单孔各项参数，如图 4.14 所示。单击【孔】对话框的【应用】按钮，完成简单孔创建并自动返回【孔】对话框。

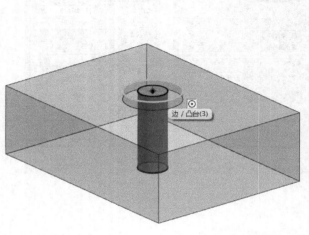

图 4.14　简单孔创建

2．创建沉头孔

① 在【位置】选项组中单击【绘制草图】按钮🔲，选择上表面为草图平面，绘制草图点并根据孔中心的位置进行尺寸约束，如图 4.15 所示。

② 在【方向】列表中选择【垂直于面】选项。

③ 在【形状和尺寸】选项组中的【成形】列表中选择【沉头】选项。在【尺寸】选项组中设置沉头孔各项特征参数，如图 4.16 所示，从【深度限制】列表中选择【贯通体】选项，单击【应用】按钮，完成沉头孔创建并返回【孔】对话框。

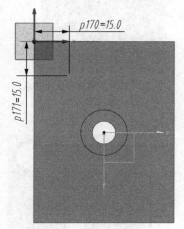

图 4.15　创建沉头孔中心点

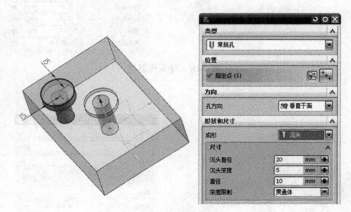

图 4.16　沉头孔创建

3．创建埋头孔

① 在【位置】选项组中单击【绘制草图】按钮🔲，选择上表面为草图平面，绘制草图点并根据孔中心的位置进行尺寸约束，如图 4.17 所示。

② 在【方向】列表中选择【垂直于面】选项。

③ 在【形状和尺寸】选项组的【成形】列表中选择【埋头】选项。在【尺寸】选项组中，设置埋头孔各项参数，如图 4.18 所示。单击【应用】按钮，完成埋头孔创建并自动返回【孔】对话框。

4．创建锥形孔

① 在【位置】选项组中单击【绘制草图】按钮🔲，选择上表面绘制圆心点草图，如图 4.19 所示。

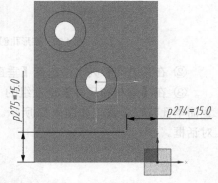

图 4.17　创建埋头孔中心点

② 在【方向】列表中选择【垂直于面】选项。

③ 在【形状和尺寸】选项组的【成形】列表中选择【锥形】选项。在【尺寸】选项组中，设置锥形孔特征参数，如图 4.20 所示。单击【应用】按钮，完成锥形孔创建并自动返回【孔】对话框。

5．创建盲孔

① 在【位置】选项组中单击【绘制草图】按钮🔲，选择上表面绘制圆心点草图，如图 4.21 所示。

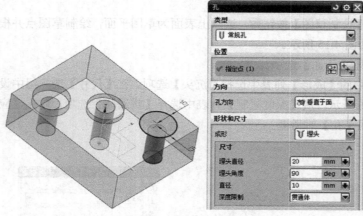

图 4.18　埋头孔创建

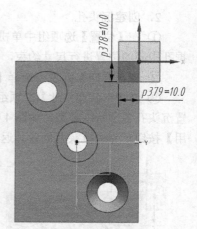

图 4.19　创建锥形孔中心点

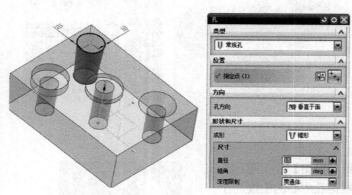

图 4.20　锥形孔创建

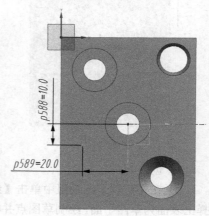

图 4.21　创建盲孔中心点

② 在【方向】列表中选择【垂直于面】选项。

③ 在【形状和尺寸】选项组的【成形】列表中选择【简单】选项。在【尺寸】选项组中设置简单孔特征参数，如图 4.22 所示。单击【应用】按钮，完成简单盲孔创建并自动返回【孔】对话框。

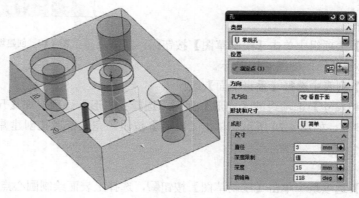

图 4.22　盲孔创建

6. 创建沿矢量的简单孔

① 在【位置】选项组中单击【绘制草图】按钮，选择前表面为草图平面，绘制圆心点草图，如图 4.23 所示。

② 在【方向】列表中选择【沿矢量】选项，选择矢量对话框按钮，打开【矢量】对话框，在【类型】下拉列表中选择【两点】，先后选择实体上表面两条边缘的中点，创建图 4.24 所示的矢量方向。

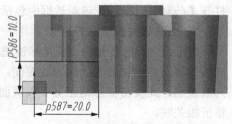

图 4.23　创建沿矢量简单孔中心

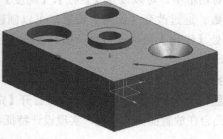

图 4.24　创建矢量方向

③ 在【形状和尺寸】选项组的【成形】列表中选择【简单】选项。在【尺寸】选项组中设置简单孔特征参数，如图 4.25 所示。单击【确定】按钮，完成沿矢量简单孔的创建，整体建模效果如图 4.13 所示。

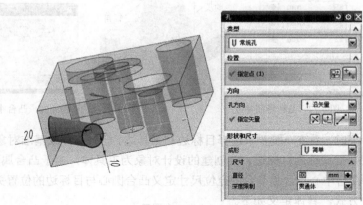

图 4.25　创建沿矢量孔

4.2　凸台的创建

4.2.1　凸台的创建方法

1. 激活【凸台】操作

单击【特征】工具栏中的【凸台】按钮，或选择菜单命令"插入→设计特征→凸台"，系统打开【凸台】对话框，该对话框中包括放置面的选择和凸台特征参数设置，如图 4.26 所示。

2．选择放置面

对于凸台、孔、垫块、腔体和键槽等设计特征，都需要一放置面，并且放置面必须是平面。通常选择已有实体的表面作为放置面，有时也可使用基准平面作为放置面。此类特征都是正交于放置面创建的并且与放置面所属特征相关联。

图 4.26 凸台对话框

3．设置凸台特征参数

在【凸台】对话框中，可以设置【直径】、【高度】和【锥角】三项凸台特征参数。通过改变【锥角】设置，可以创建圆柱或圆锥凸台特征，此处【锥角】允许设置为负值。各项特征参数的含义如图 4.27 所示。

4．定位凸台

完成上述设置后，单击【确定】按钮，系统打开【定位】对话框，如图 4.28 所示。通过设置定位尺寸可以确定凸台在放置面内的位置，实现设计特征与其所依附实体（目标实体）的准确定位。

图 4.27 凸台特征参数

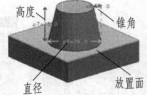

图 4.28 凸台【定位】对话框

在定位设计特征时，系统一般要求选择目标边和工具边。已有实体或基准对象被称为目标体，目标体上的边缘或基准被称为目标边。要创建的设计对象为工具体，由于凸台属于圆形特征，系统默认其工具边为凸台中心点，故凸台的定位尺寸定义凸台圆心与目标边的位置关系。【定位】对话框提供 6 种定位方式，具体定义如下。

（1）【水平】定位方式

【水平】定位是指工具边与目标边在水平基准方向上的定位尺寸，对于凸台的创建默认水平基准为 XC 轴的方向，即凸台中心相对于目标边在 XC 方向的定位尺寸，如图 4.29 所示。

（2）【竖直】定位方式

【竖直】定位指工具边与目标边在与水平基准正交方向上的定位尺寸。使用【竖直】定位

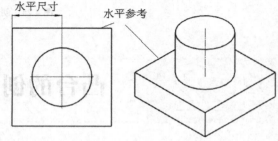

图 4.29 【水平】定位方式

方式首先需要定义【水平基准】的方向。对于凸台的创建默认竖直方向为 YC 轴的方向，即凸台中心相对于目标边在 YC 方向的定位尺寸，如图 4.30 所示。

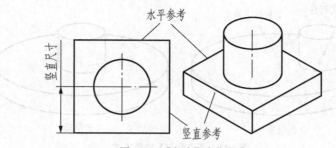

图 4.30 【竖直】定位方式

（3）【平行】定位方式

【平行】定位是指特征上的工具边点与实体上目标边点的最短距离。当边缘（工具边或目标边），被选择时，离光标最近的边缘端点被选中。一般多用于圆形特征的定位。使用【平行】定位方式创建的定位尺寸可约束凸台圆心与实体端点、终点、圆弧中心、相切点之间的距离，如图 4.31 所示。

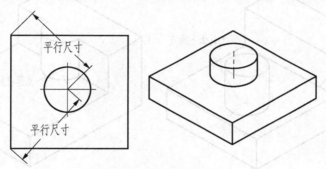

图 4.31 【平行】定位方式

（4）【垂直】定位方式

使用【垂直】方法创建的定位尺寸，可约束设计特征与目标边的垂直距离。除目标实体边缘外，基准平面、基准轴也可作为目标边。【垂直】定位方式适用于约束与 XC 或 YC 轴不平行的线性距离，如图 4.32 所示。

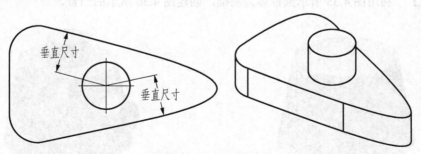

图 4.32 【垂直】定位方式

（5）【点落在点上】定位方式

使用【点落在点上】方法创建定位尺寸是【平行】定位方法的一种特例。系统自动设置工具体的点到实体上的目标点的最短距离为零，即两点重合。因此，创建定位尺寸后凸台将移动至目标实体上选定点的位置，如图 4.33 所示。

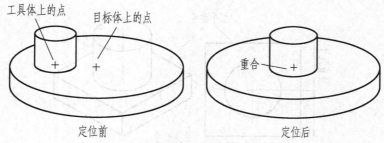

图 4.33 【点到点】定位方式

（6）【点落在线上】定位方式 ⏚

使用【点落在线上】方法创建定位尺寸是【垂直】定位方法的一种特例。系统自动设置工具体的点到目标边的垂直距离为零，即点落在线上，如图 4.34 所示。

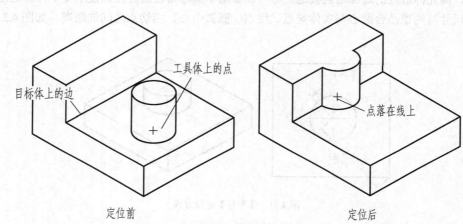

图 4.34 【点到线】定位方式

4.2.2 凸台创建实例

【例 4.2】 利用图 4.35 所示圆锥体为基础，创建图 4.36 所示的凸台。

图 4.35 圆锥体

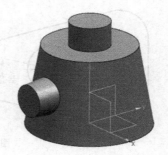

图 4.36 凸台实例

具体操作方法如下。

1．创建上端面凸台

① 打开随书光盘，在 UG NX Sample 文件夹中打开 cha4\boss1.prt，如图 4.35 所示。

② 单击【特征】工具栏上的【凸台】按钮，系统打开【凸台】对话框，凸台特征参数设置如图 4.37 所示，选择圆台端面为放置面，单击【确定】按钮。

③ 打开【定位】对话框，选择【点落在点上】按钮，在图形窗口选择基体上端面边缘，打开【设置圆弧位置】对话框，单击【圆弧中心】按钮，如图 4.38 所示，完成端面凸台的创建。

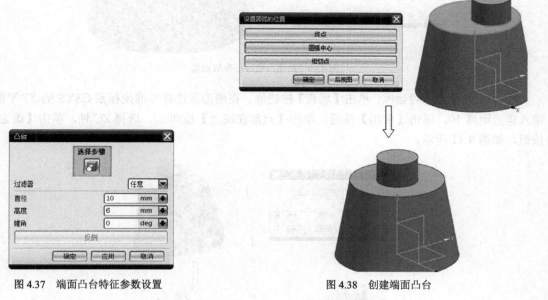

图 4.37　端面凸台特征参数设置

图 4.38　创建端面凸台

2. 创建侧面凸台

① 由于圆台侧面为非平面，不能作为凸台的放置面，因此必须首先创建放置面。单击【特征】工具栏上的【基准平面】按钮，选择【类型】下拉列表的【自动判断】选项，选中基准坐标系 CSYS 的 XZ 平面，偏置距离为 18mm，基准平面如图 4.39 所示。

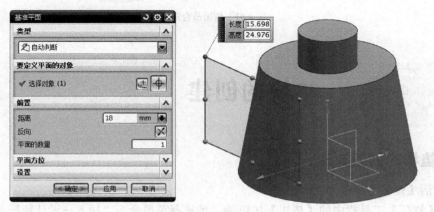

图 4.39　创建放置面

② 单击【特征】工具栏上的【凸台】按钮，系统打开【凸台】对话框，选择基准平面为放置面，单击【反侧】按钮并修改凸台特征参数，如图 4.40 所示，单击【确定】按钮。

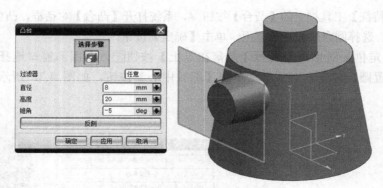

图 4.40　侧面凸台特征参数设置

③ 打开【定位】对话框，单击【垂直】按钮，在图形区选择基准坐标系 CSYS 的 *XY* 平面，输入垂直距离 10，单击【应用】按钮。单击【点落在线上】按钮，选择 *ZC* 轴，单击【确定】按钮，如图 4.41 所示。

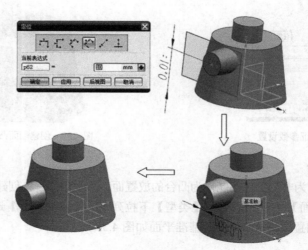

图 4.41　侧面凸台定位

4.3　垫块的创建

4.3.1　垫块的创建方法

1. 激活【垫块】操作

单击【特征】工具栏中的【垫块】按钮，或选择菜单命令"插入→设计特征→垫块"，系统打开【垫块】类型选择对话框，如图 4.42 所示，垫块包括【矩形】和【常规】两种类型，其中矩形垫块较为常用，具体创建方法与凸台基本类似。利用【垫块】操作中的【常规】选项可以实现任意形状实体特征的创建。

2．选择放置面

选择【矩形】选项，系统打开【矩形垫块】对话框，状态栏提示选择放置面，如图 4.43 所示。

图 4.42 【垫块】类型选择对话框

图 4.43 【矩形垫块】放置面选择对话框

3．选择水平基准

对于圆形特征，如凸台，不需要指定水平或竖直基准；而对于非圆形特征，如垫块、腔体和键槽等，由于此类特征成型时具有长度参数，所以必须为其指定水平基准或竖直基准。选择放置面后，系统打开【水平基准】对话框，如图 4.44 所示。水平基准定义了特征的长度方向，任何不垂直于放置面的线性边缘、平面、基准轴和基准面，均可被选择用来定义水平基准。

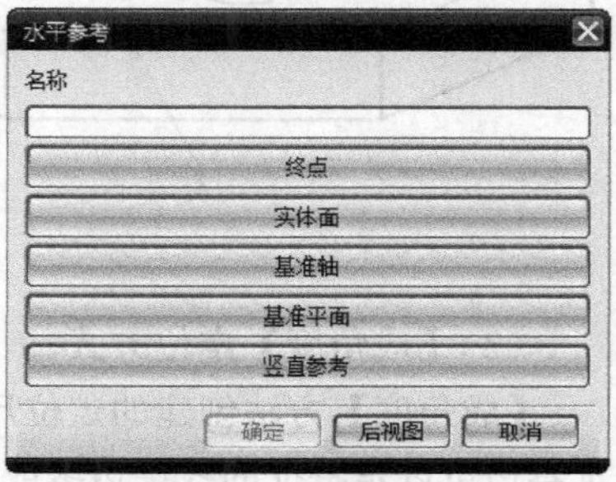

4．设置垫块特征参数

完成水平基准方向的选择后，系统打开【矩形垫块】特征参数设置对话框，如图 4.45 所示，包括【长度】、【宽度】、【高度】、【拐角半径】和【锥角】六项参数的设置。

图 4.44 【水平基准】对话框

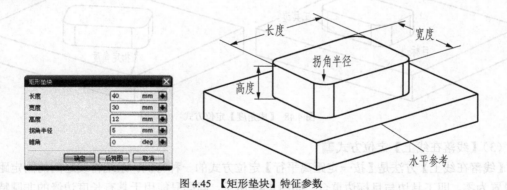

图 4.45 【矩形垫块】特征参数

5．定位垫块

完成参数设置后，单击【确定】按钮，系统打开图 4.46 所示的【定位】对话框，此【定位】对话框与 4.2 节中凸台特征的【定位】对话框有所区别。定位凸台时，由于系统默认的定位尺寸是凸台圆心到目标边的距离，所以只需要选择目标边。而在定位垫块时，完成目标边选择后，系统会要求选择工具边。垫块、腔体和键槽等特征的边缘或特征坐标轴都可以作为工具边。

在垫块的【定位】对话框中，提供了 9 种定位方式，其中 6 种与凸台定位方式类似，在此不做赘述。其余 3 种定位方式的具体设置如下。

图 4.46 矩形垫块【定位】对话框

（1）【按一定距离平行】定位方式![工]

【按一定距离平行】方法创建一个定位尺寸，约束特征上的工具边与目标边平行并相距固定的距离，如图 4.47 所示。工具边可以是特征的线性边缘或者特征基准线。该方式只能用于具有长度边缘的非圆柱特征实体的定位，需要选择目标边与工具边。【按一定距离平行】定位方式约束了两个自由度，沿某方向的移动自由度和绕 ZC 轴的旋转自由度。

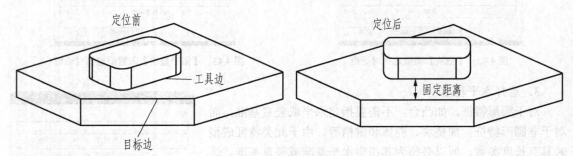

图 4.47　【按一定距离平行】定位方式

（2）【成角度】定位方式![角]

【成角度】方法创建的定位尺寸，约束工具边与目标边之间成一定的角度，如图 4.48 所示。工具边可以是特征的线性边缘或者特征基准线。该方式只能用于具有长度边缘的非圆特征实体的定位，需要选择目标边与工具边。

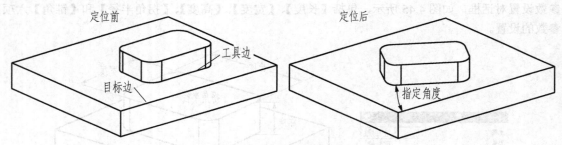

图 4.48　【成角度】定位方式

（3）【线落在线上】定位方式![工]

【线落在线上】方法是【按一定距离平行】定位方式的一种特例。系统将线之间的固定距离自动设置为零，即工具边与目标边重合，如图 4.49 所示，同样只能用于具有长度边缘的非圆特征的定位。

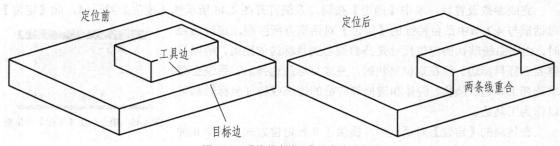

图 4.49　【线落在线上】定位方式

4.3.2 垫块创建实例

【例 4.3】 利用图 4.50 所示实体及草图为基础，创建图 4.51 所示的垫块特征。

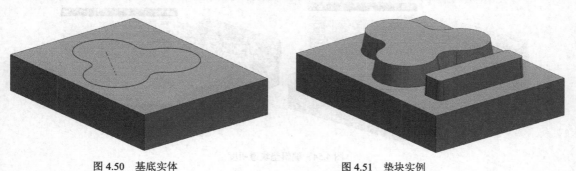

图 4.50　基底实体　　　　　　　　　　　图 4.51　垫块实例

具体操作方法如下。

1．创建矩形垫块

① 打开随书光盘，在 UG NX Sample 文件夹中打开"cha4\pad1.prt"，如图 4.50 所示。

② 单击【特征】工具栏上的【垫块】按钮，系统打开【垫块】类型选择对话框，选择【矩形】选项，打开【矩形垫块】放置平面对话框，单击基体的上表面，打开【水平基准】方向对话框，选择基体的前面，则以基体前面的平行方向作为水平参考，如图 4.52 所示。

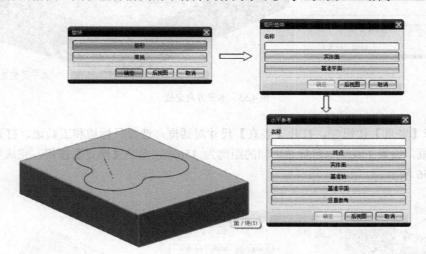

图 4.52　定义放置面和水平基准

③ 系统打开【矩形垫块】特征参数设置对话框，设置各项参数，如图 4.53 所示，单击【确定】按钮。打开【定位】对话框，单击工具栏【编辑对象显示】按钮，在图形区选择矩形垫块，打开【编辑对象显示】对话框，修改透明度使垫块底面的基准线可见，如图 4.54 所示。

④ 选择【定位】对话框【水平】按钮，打开【水平】尺寸对话框，选择目标边和工具边，打开【创建表达式】对话框，设

图 4.53　矩形垫块特征参数

置工具边与目标边之间的距离为 30mm，单击【确定】按钮，完成水平方向定位并返回【定位】对话框，如图 4.55 所示。

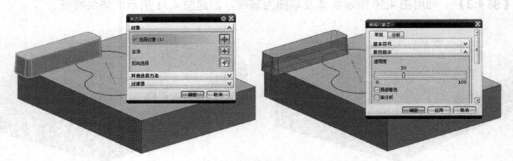

图 4.54 编辑垫块透明度

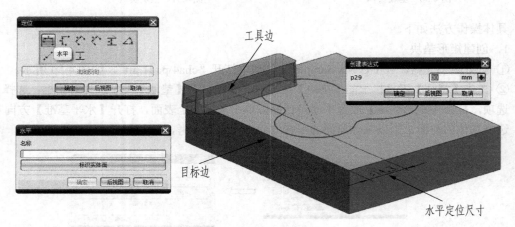

图 4.55 水平方向定位

⑤ 选择【竖直】按钮，打开【竖直】尺寸对话框，选择目标边和工具边，打开【创建表达式】对话框，设置工具边与目标边之间的距离为 15mm，单击【确定】按钮，完成竖直方向定位，如图 4.56 所示。

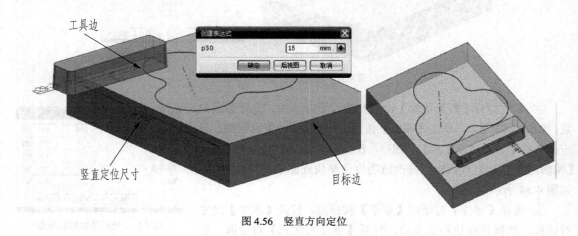

图 4.56 竖直方向定位

2. 创建常规垫块

① 单击【特征】工具栏上的【垫块】按钮 ，系统打开【垫块】类型选择对话框，选择【常规】选项，打开【常规垫块】对话框，如图 4.57 所示。

② 根据【选择步骤】提供的选项依次进行操作，如图 4.58 所示。单击【放置面】按钮 ，选择基底实体上表面，单击【放置面轮廓】按钮 ，设置【曲线规则】为【相切曲线】选项，选择图形区草图曲线任意位置，单击【顶面】按钮 ，设置偏置距离，单击【顶部轮廓曲线】按钮 ，设置锥角，单击【目标体】按钮，选择基体，单击【放置面轮廓投影矢量】按钮 ，采用垂直于曲线所在的平面默认设置，单击【确定】按钮，完成【常规垫块】的创建。

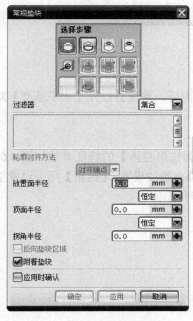

图 4.57 【常规垫块】对话框

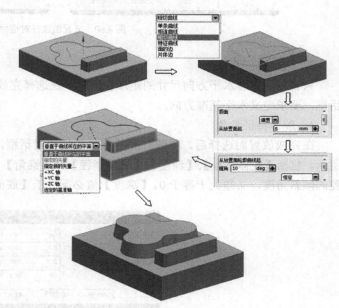

图 4.58 创建常规垫块

4.4 腔体的创建

4.4.1 腔体的创建方法

1. 激活【腔体】操作

单击【特征】工具栏中的【腔体】按钮 ，或选择菜单命令"插入→设计特征→腔体"，系统打开【腔体】类型选择对话框，如图 4.59 所示，腔体包括【圆柱形】、【矩形】和【常规】三种类型。腔体特征的创建方法与凸台特征和垫块特征类似，它们之间的最大区别在于腔体特征是从基体上移除材

图 4.59 【腔体】类型选择对话框

料的操作。利用【腔体】操作中的【常规】选项可以创建任意形状腔体特征。

2．选择放置面

指定【腔体】类型后，系统打开【圆柱形腔体】或【矩形腔体】放置面的选择对话框，如图 4.60 所示。

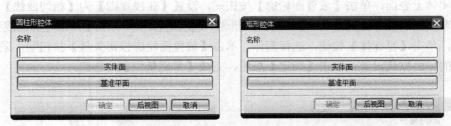

图 4.60　放置面选择对话框

3．选择水平基准

只有创建具有水平方向尺寸的矩形腔体时，在选择完放置面后，系统会打开【水平基准】对话框，要求定义水平基准方向。

4．腔体特征参数

在完成放置面选择后，系统打开特征参数设置对话框，【圆柱形腔体】的特征参数如图 4.61 所示，包括【腔体直径】、【深度】、【底面半径】和【锥角】四项参数的设置。【锥角】用于设置型腔的倾斜角度，必须大于等于 0。【深度】值必须大于【底面半径】值。

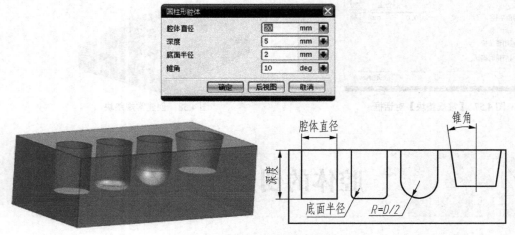

图 4.61　【圆柱形腔体】特征参数

对于【矩形腔体】，在完成水平基准方向的选择后，系统打开【矩形腔体】特征参数设置对话框，如图 4.62 所示，包括【长度】、【宽度】、【深度】、【拐角半径】和【锥角】六项参数的设置。【拐角半径】必须大于等于【底面半径】值。

5．定位腔体

完成腔体特征参数的设置后，单击【确定】按钮，系统打开【定位】对话框，如图 4.63 所示。腔体【定位】对话框提供 9 种定位方式，与凸台或垫块的定位方法类似在此不做赘述。

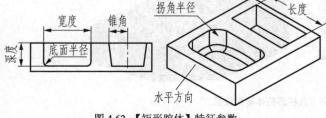

图 4.62 【矩形腔体】特征参数

图 4.63 腔体【定位】对话框

4.4.2 腔体创建实例

【例 4.4】 利用图 4.64 所示基底实体为基础，创建图 4.65 所示的腔体实例。

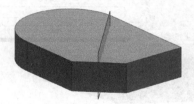

图 4.64 基底实体

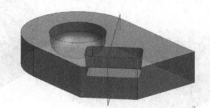

图 4.65 腔体实例

具体操作方法如下。

1．创建圆柱形腔体

① 打开随书光盘，在 UG NX Sample 文件夹中打开"cha4\pocket1.prt"，如图 4.64 所示。

② 单击【特征】工具栏上的【腔体】按钮 ，系统打开【腔体】类型选择对话框，选择【圆柱形】选项，打开【圆柱形腔体】放置平面对话框，单击基底实体的上表面，打开【圆柱形腔体】特征参数设置对话框，设置各项参数，如图 4.66 所示。

③ 单击【确定】按钮，打开【定位】对话框，选择【点落在点上】按钮 ，系统打开【点落在点上】对话框，此时系统提示用户选择目标边，在图形区选择基底实体上表面的圆弧，系统打开【设置圆弧位置】对话框，选择【圆弧中心】选项。

系统提示选择工具边，在图形区选择圆柱形腔体表面圆弧，系统打开【设置圆弧位置】对话框，选择【圆弧中心】选项，单击【确定】按钮完成定位，如图 4.67 所示。返回【圆柱形腔体】对话框，单击【取消】按钮，返回【腔体】类型选择对话框。

2．创建矩形腔体

① 在【腔体】类型选择对话框中选择【矩形腔体】选项，系统打开【矩形腔体】放置平面对话框，在图形区选择基底实体的上表面，打开【水平基准】方向对话框，单击基底实体的前面，如图 4.68 所示。

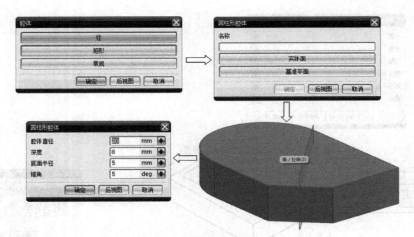

图 4.66　圆柱形腔体参数设置

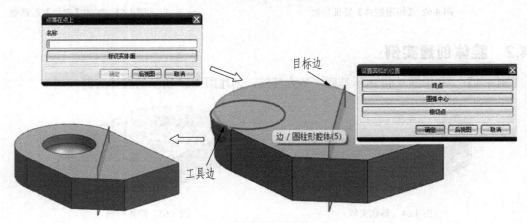

图 4.67　定位圆柱形腔体

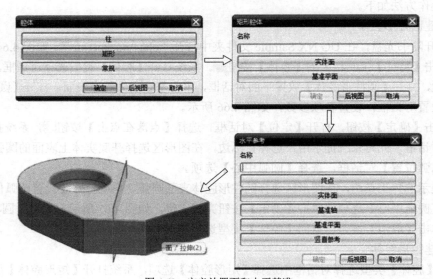

图 4.68　定义放置面和水平基准

② 打开【矩形腔体】特征参数设置对话框，设置各项参数，如图 4.69 所示。

图 4.69 矩形腔体特征参数设置

③ 单击【确定】按钮，打开【定位】对话框，选择【线落在线上】按钮，系统打开【线落在线上】对话框，此时系统提示用户选择目标边，在图形区选择基准平面，继续选择工具边，在图形区选择矩形腔体基准线作为工具边，如图 4.70 所示，基准线与基准平面之间的定位尺寸为0，并返回【定位】对话框。

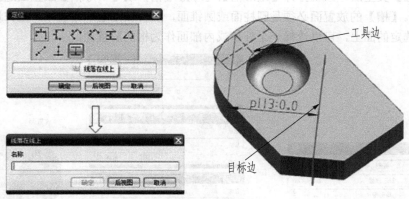

图 4.70 【线落在线上】定位

④ 选择【按一定距离平行】按钮，系统打开【平行距离】对话框，此时系统提示用户选择目标边，在图形区选择基体斜边，再选择矩形腔体另一条基准线作为工具边，打开【创建表达式】对话框，设置固定距离为 15mm，如图 4.71 所示，单击【确定】按钮，矩形腔体移动至指定位置，并且返回【矩形腔体】放置平面对话框，单击【取消】按钮，完成此实例的创建。实例总体效果如图 4.65 所示。

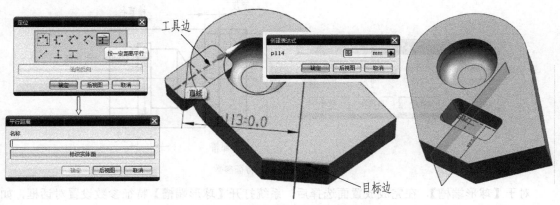

图 4.71 【按一定距离平行】定位

4.5 槽的创建

4.5.1 槽的创建方法

1. 激活【开槽】操作

单击【特征】工具栏中的【开槽】按钮 ，或选择菜单命令"插入→设计特征→开槽",系统打开【槽】类型选择对话框,如图 4.72 所示。

2. 选择放置面

选择【槽】类型后,系统打开【矩形槽】、【球形端槽】或【U 形槽】放置面选择对话框,如图 4.73 所示。【槽】的放置面必须是圆柱面或圆锥面,旋转轴是选定面的轴。槽在选择点创建并自动连接到选定的面上,可以选择一个外部或内部面作为槽的放置面。

图 4.72 【槽】类型选择对话框   图 4.73 【槽】放置面选择对话框

3. 设置槽特征参数

在完成放置面选择后,系统打开【矩形槽】特征参数设置对话框,包括【槽直径】和【宽度】两项参数,如图 4.74 所示。

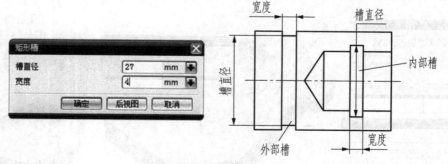

图 4.74 【矩形槽】特征参数

对于【球形端槽】,在完成放置面选择后,系统打开【球形端槽】特征参数设置对话框,如图 4.75 所示,包括【槽直径】和【球直径】两项参数。

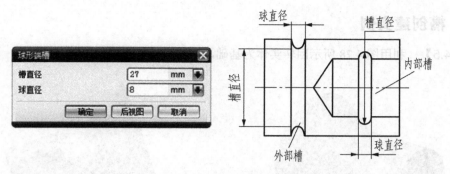

图 4.75 【球形端槽】特征参数

对于【U 形槽】，在完成放置面选择后，系统打开【U 形槽】特征参数设置对话框，如图 4.76 所示，包括【槽直径】、【宽度】和【拐角半径】三项参数。

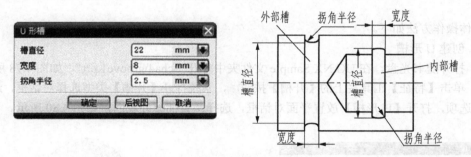

图 4.76 【U 形槽】特征参数

4．定位槽

完成槽特征参数的设置后，单击【确定】按钮，打开【定位槽】对话框。与其他的设计特征的定位不同的是，槽的定位没有定位尺寸对话框的出现，只需要在一个方向上定位槽，即沿着目标实体的轴线方向即可。选择目标边及工具边（槽的边或中心线）后，系统打开【创建表达式】对话框，设置工具边到目标边的距离，单击【确定】按钮，完成【槽】特征的定位与创建，如图 4.77 所示。

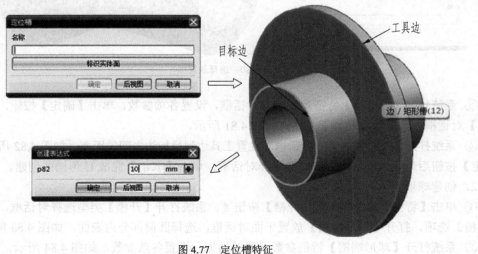

图 4.77 定位槽特征

4.5.2 槽创建实例

【例 4.5】 利用图 4.78 所示回转实体为基础，创建图 4.79 所示的槽特征。

图 4.78 回转实体

图 4.79 槽特征实例

具体操作方法如下。

1. 创建 U 形槽

① 打开随书光盘，在 UG NX Sample 文件夹中打开"cha4\groove1.prt"，如图 4.78 所示。

② 单击【特征】工具栏上的【开槽】按钮，系统打开【开槽】类型选择对话框，选择【U 形槽】选项，打开【U 形槽】放置平面对话框，选择圆锥部分外表面，如图 4.80 所示。

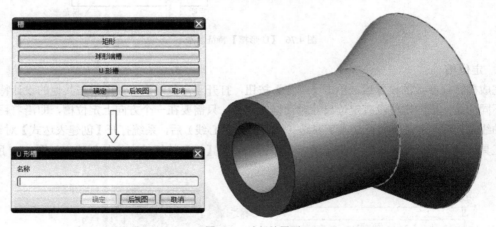

图 4.80 选择放置面

③ 系统打开【U 形槽】特征参数设置对话框，设置各项参数，单击【确定】按钮，打开【定位槽】对话框，选择目标边和工具边，如图 4.81 所示。

④ 系统打开【创建表达式】对话框，设置工具边到目标边之间的距离，如图 4.82 所示。单击【确定】按钮后返回【U 形槽】放置面选择对话框，单击【取消】完成 U 形槽的创建。

2. 创建球形槽

① 单击【特征】工具栏上的【开槽】按钮，系统打开【开槽】类型选择对话框，选择【球形端槽】选项，打开【球形端槽】放置平面对话框，选择圆筒部分内表面，如图 4.83 所示。

② 系统打开【球形端槽】特征参数设置对话框，设置各项参数，如图 4.84 所示。

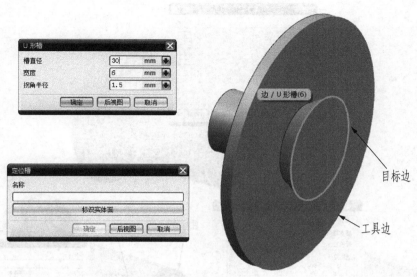

图 4.81 选择目标边和工具边

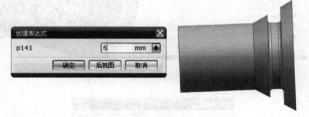

图 4.82 创建 U 形槽

图 4.83 选择放置面

③ 单击【确定】按钮，打开【定位槽】对话框，选择目标边。单击工具栏【编辑对象显示】按钮，在图形区选择实体，打开【编辑对象显示】对话框，修改透明度直至槽特征可见，退出【编辑对象显示】对话框，选择槽特征的中间基准线作为工具体，如图 4.85 所示。

图 4.84 球形端槽特征参数

④ 系统打开【创建表达式】对话框，设置工具边到目标边之间的距离为 12mm，如图 4.86 所示。单击【确定】按钮完成球形端槽的创建，建模效果如图 4.80 所示。

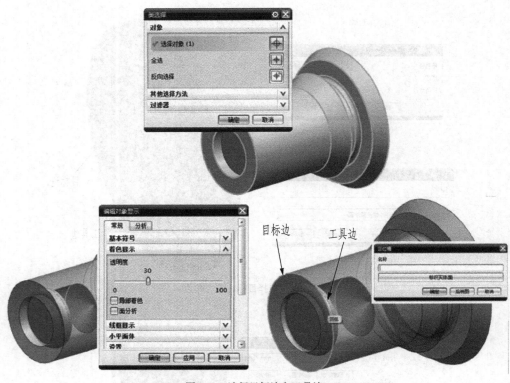

图 4.85　选择目标边和工具边

图 4.86　球形端槽定位尺寸

4.6 键槽的创建

4.6.1 键槽的创建方法

1．激活【键槽】操作

单击【特征】工具栏中的【键槽】按钮，或选择菜单命令"插入→设计特征→键槽"，系统打开【键槽】类型选择对话框，如图 4.87 所示，按照截面形状分类，键槽包括【矩形槽】、【球形端槽】、【U 形槽】、【T 型键槽】和【燕尾槽】五种类型。【键槽】命令实现从基体上去除这五种形状特征实体的操作。

2．选择放置面和水平基准

选择【键槽】类型后，系统打开键槽放置面选择对话框，如图 4.88 所示。在机械设计中，键

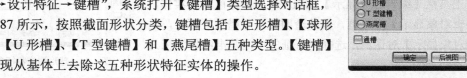

图 4.87　【键槽】类型选择对话框

槽多开在轴类零件上，通过对应的键将轴与带轮毂零件相连接。但 NX 只允许将平面作为键槽放置面。因此，往往需要在创建键槽特征之前，创建相应的基准面用于放置键槽。

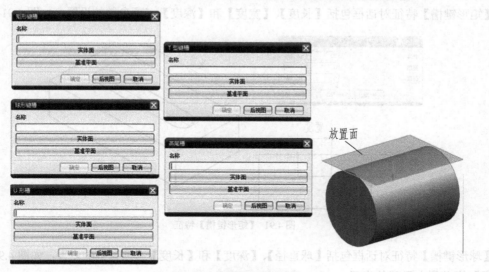

图 4.88　放置面选择对话框

完成放置面选择后，系统打开【方向选择】对话框，该对话框包含【接受默认边】和【反向默认侧】选项，可以通过此对话框设置生成键槽特征的矢量方向，如图 4.89 所示。完成矢量方向定义后，系统打开【水平基准】对话框要求定义水平基准方向。

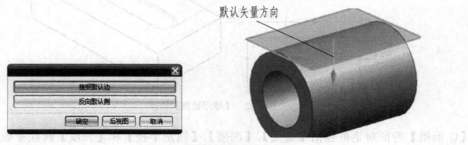

图 4.89　键槽特征的矢量方向

如果在【键槽】类型对话框中选中【通槽】复选框，完成水平基准方向定义后，系统还要求选择两个【通过】面，即起始通过面和终止通过面。键槽的长度定义为完全通过这两个面，如图 4.90 所示。

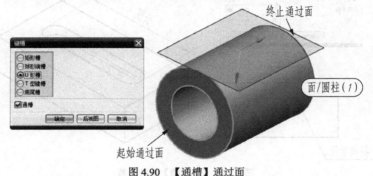

图 4.90　【通槽】通过面

3．设置键槽特征参数

在完成方向选择后，根据【键槽类型】对话框的选择，系统打开对应的键槽特征参数设置对话框。【矩形键槽】特征对话框包括【长度】、【宽度】和【深度】三项参数的设置，如图 4.91 所示。

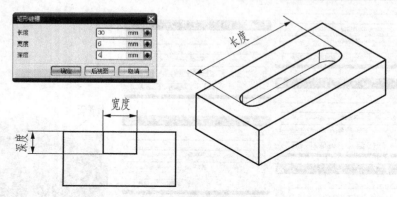

图 4.91　【矩形键槽】特征

【球形键槽】特征对话框包括【球直径】、【深度】和【长度】三项参数的设置，如图 4.92 所示。【深度】值必须大于球体半径。

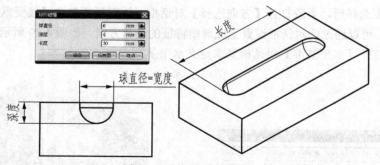

图 4.92　【球形键槽】特征

【U 形槽】特征对话框包括【宽度】、【深度】、【拐角半径】和【长度】四项参数的设置，如图 4.93 所示。【深度】值必须大于拐角半径。

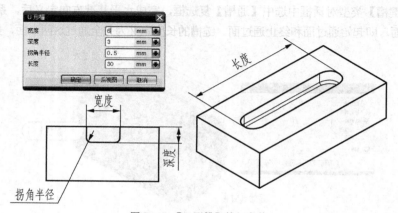

图 4.93　【U 形槽】特征参数

【T 型键槽】特征对话框包括【顶部宽度】、【顶部深度】、【底部宽度】、【底部深度】和【长度】五项参数的设置，如图 4.94 所示。

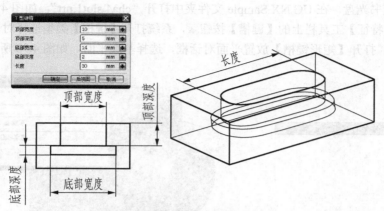

图 4.94 【T 型键槽】特征参数

【燕尾槽】特征对话框包括【宽度】、【深度】、【角度】和【长度】四项参数的设置，如图 4.95 所示。

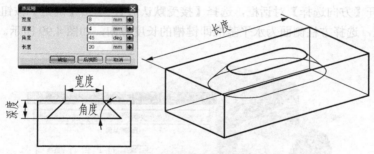

图 4.95 【燕尾槽】特征参数

4. 定位键槽

完成键槽特征参数的设置后，单击【确定】按钮，系统打开【定位】对话框，键槽【定位】方法与其他设计特征类似，故在此不做赘述。

4.6.2 键槽创建实例

【例 4.6】 利用图 4.96 所示实体为基础，创建图 4.97 所示的链槽特征。

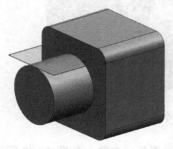

图 4.96 实体

图 4.97 键槽特征实例

具体操作步骤如下。

1．创建矩形键槽

① 打开随书光盘，在 UG NX Sample 文件夹中打开"cha4\slot1.prt"，如图 4.96 所示。

② 单击【特征】工具栏上的【键槽】按钮，系统打开【键槽】类型选择对话框，选择【矩形键槽】选项，打开【矩形键槽】放置平面对话框，选择基准平面，如图 4.98 所示。

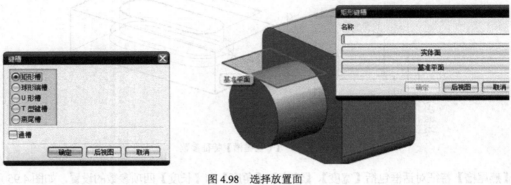

图 4.98　选择放置面

③ 系统打开【方向选择】对话框，选择【接受默认边】，单击【确定】按钮，系统打开【水平基准】对话框，选择方柱侧面为水平基准即键槽的长度方向，如图 4.99 所示。

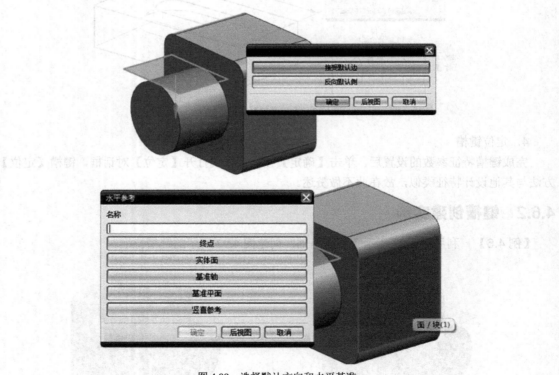

图 4.99　选择默认方向和水平基准

④ 系统打开【矩形键槽】特征参数设置对话框，设置各项参数，如图 4.100 所示。

⑤ 单击【确定】按钮，打开【定位】对话框，选择【水平】按钮，系统打开【水平】对话框，在图形区域选择工具边，打开【设置圆弧位置】对话框，选择【圆弧中心】，单击【确定】按钮。此时系统提示选择目标边，在图形区域选择目标边，打开【设置圆弧位置】对话框，选择【圆弧中心】，打开【创建表达式】对话框，设置水平方向距离为 0，单击【确定】按钮完成水平方向定位，如图 4.101 所示。

图 4.100 矩形键槽特征参数

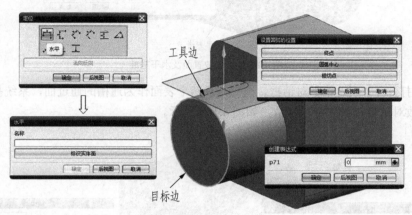

图 4.101 水平方向定位

⑥ 选择【竖直】按钮，系统打开【竖直】对话框，在图形区域选择凸台上的圆弧作为目标边，打开【设置圆弧位置】对话框，选择【圆弧中心】，单击【确定】按钮。选择矩形键槽左侧圆弧作为工具边，打开【设置圆弧位置】对话框，选择【圆弧中心】，打开【创建表达式】对话框，设置距离为 0，单击【确定】按钮完成键槽竖直方向定位，结果如图 4.102 所示。

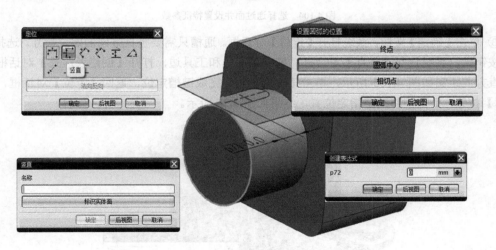

图 4.102 竖直方向定位

2．创建 T 型通槽

① 单击【特征】工具栏上的【键槽】按钮，系统打开【键槽】类型选择对话框，勾选【通槽】选项，选择【T 型键槽】选项，系统打开【T 型键槽】放置平面对话框，选择方柱上表面，系统打开【水平基准】对话框，选择方柱侧面为水平基准即键槽的长度方向，如图 4.103 所示。

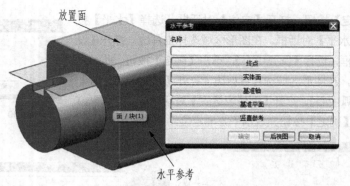

图 4.103 选择放置面及水平基准

② 系统打开【T 型键槽】对话框，选择方柱两个表面作为通槽的通过面，系统打开【T 型键槽】特征参数对话框，设置各项参数，如图 4.104 所示。

图 4.104 选择通过面并设置特征参数

③ 单击【确定】按钮，系统打开【定位】对话框。通槽只需要竖直方向的定位尺寸，选择【竖直】按钮，系统打开【竖直】对话框，选择目标边和工具边，打开【创建表达式】对话框，设置竖直方向距离如图 4.105 所示，单击【确定】按钮完成键槽定位，返回【定位】对话框，单击【取消】按钮，T 型槽移动至指定位置，结果如图 4.98 所示。

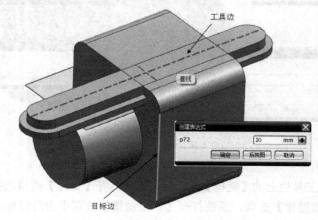

图 4.105 定位通槽

4.7 综合实例

【例4.7】 以图4.106所示实体为基础，综合利用设计特征创建图4.107所示模型。

图4.106 实体

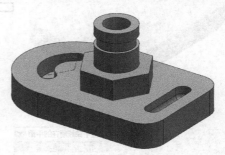

图4.107 设计特征综合实例

具体操作步骤如下。

1. 创建常规腔体

① 打开随书光盘，在UG NX Sample文件夹中打开"cha4\all_ex.prt"，如图4.106所示。

② 单击【特征】工具栏上的【腔体】按钮，系统打开【腔体】类型选择对话框，选择【常规】选项，打开【常规腔体】放置平面对话框，如图4.108所示。

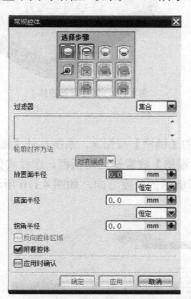

图4.108 【常规腔体】对话框

③ 根据【选择步骤】提供的选项依次进行操作，如图4.109所示。单击【放置面】按钮，选择基底上表面，单击【放置面轮廓】按钮，设置【曲线规则】为【相切曲线】选项，选择图形区草图曲线任意位置，单击【顶面】按钮，设置偏置距离为3mm，单击【顶部轮廓曲线】按

钮，设置锥角为 2°，单击【目标体】按钮，选择基体，单击【放置面轮廓投影矢量】按钮，采用垂直于曲线所在的平面默认设置，单击【确定】按钮，完成【常规垫块】的创建。

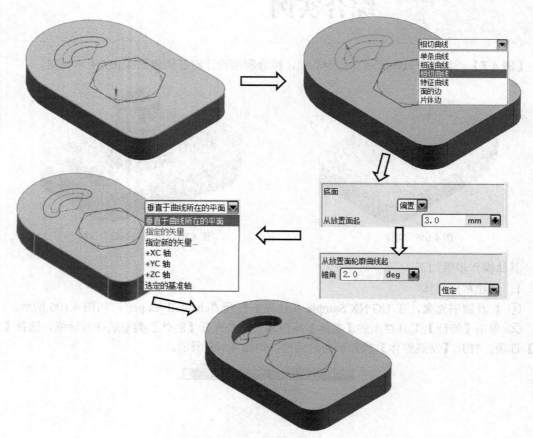

图 4.109　创建常规腔体

2．创建球形端槽

① 单击【特征】工具栏上的【键槽】按钮，系统打开【键槽】类型选择对话框，勾选【球形端槽】选项，系统打开【球形端槽】放置平面对话框，选择实体上表面，系统打开【水平基准】对话框，选择侧面为水平基准即键槽的长度方向，如图 4.110 所示。

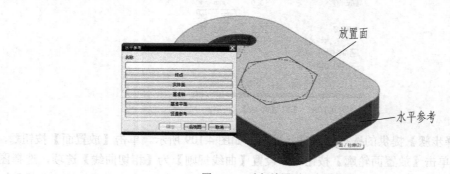

图 4.110　选择放置面及水平基准

② 系统打开【球形端槽】对话框，设置各项参数，如图 4.111 所示。

③ 单击【确定】按钮，系统打开【定位】对话框。采用两次
【垂直】命令对键槽进行定位。选择【垂直】按钮，系统打开【垂
直】对话框，选择目标边和工具边，打开【创建表达式】对话框，
设置垂直方向距离 4，单击【确定】按钮完成键槽定位，返回【定
位】对话框。再次选择选择【垂直】按钮，选择目标边和工具边，
系统打开【创建表达式】对话框，设置垂直方向距离为 11mm，
单击【确定】按钮，返回【定位】对话框，再次单击【确定】按钮完成键槽定位，如图 4.112 所示。

图 4.111　设置特征参数

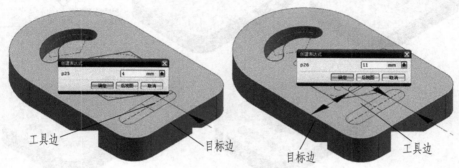

图 4.112　定位键槽

3．创建常规垫块

① 单击【特征】工具栏上的【垫块】按钮，系统打开【垫块】类型选择对话框，选择【常
规】选项，打开【常规垫块】对话框，如图 4.113 所示。

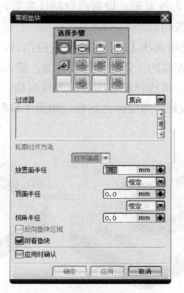

图 4.113　【常规垫块】对话框

② 根据【选择步骤】提供的选项依次进行操作，如图 4.114 所示。单击【放置面】按钮，
选择基底实体上表面，单击【放置面轮廓】按钮，设置【曲线规则】为【相连曲线】选项，

选择图形区草图曲线任意位置，单击【顶面】按钮▣，设置偏置距离为 6mm，单击【顶部轮廓曲线】按钮▣，设置锥角为 0°，单击【目标体】按钮，选择基体，单击【放置面轮廓投影矢量】按钮▣，采用垂直于曲线所在的平面默认设置，单击【确定】按钮，完成【常规垫块】的创建。

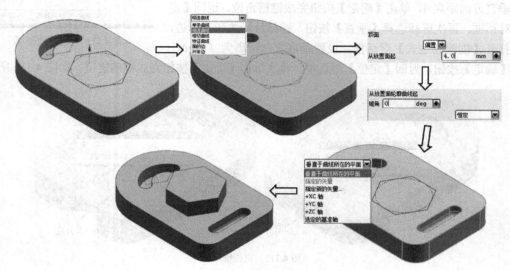

图 4.114　创建常规垫块

4．创建凸台

① 单击【特征】工具栏上的【凸台】按钮▣，系统打开【凸台】对话框，选择六棱柱上表面为放置面，设置凸台特征参数，如图 4.115 所示，单击【确定】按钮。

② 打开【定位】对话框，采用两次【垂直】命令定位凸台。选择【垂直】按钮▣，将六棱柱表面的一条边作为目标边，输入垂直距离 6，单击【应用】按钮，再选择相邻的边作为目标边，输入垂直距离 6，单击【确定】按钮，完成凸台定位，如图 4.116 所示。

图 4.115　凸台特征参数设置

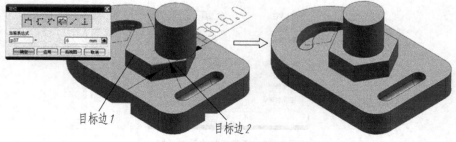

目标边 1　　目标边 2

图 4.116　凸台定位

5．创建矩形槽

① 单击【特征】工具栏上的【开槽】按钮▣，系统打开【开槽】类型选择对话框，选择【矩

形槽】选项，打开【矩形槽】放置平面对话框，选择凸台外圆柱表面。系统打开【矩形槽】特征

参数设置对话框，设置各项参数，单击【确定】按钮，如图 4.117

所示。

图 4.117　矩形槽特征参数设置

②　打开【定位槽】对话框，选择目标边和工具边，系统打
开【创建表达式】对话框，设置工具边到目标边之间的距离为
2mm，单击【确定】按钮后，返回【球形槽】放置面选择对话
框，单击【取消】按钮完成球形槽的创建，如图 4.118 所示。

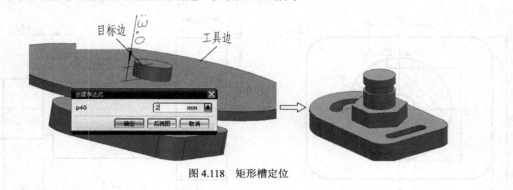

图 4.118　矩形槽定位

6. 创建简单孔

①　单击【特征】工具栏上的【孔】按钮，系统打开孔对话框，在【类型】列表中选择【常
规孔】选项。在【位置】组中单击【点】按钮，选择实体上表面凸台边缘，凸台圆心被自动拾
取为孔中心。在【方向】列表中选择【垂直于面】选项。

②　在【形状和尺寸】选项组中的【成形】列表中选择【简单】选项。在【尺寸】组中，设置
简单孔的各项参数，如图 4.119 所示。单击【孔】对话框的【应用】按钮，完成简单孔的创建并
自动返回【孔】对话框，结果如图 4.107 所示。

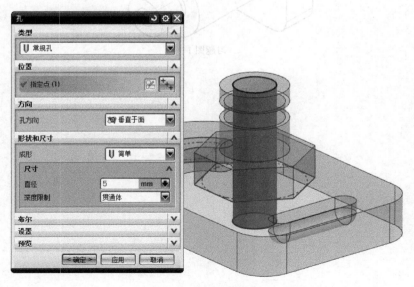

图 4.119　简单孔创建

4.8 上机练习

综合利用设计特征创建习题图1所示模型。

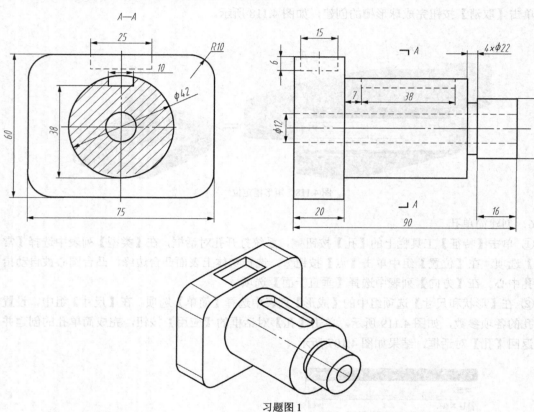

习题图1

第5章

细节特征与特征操作

本章要点

　　本章主要介绍机械零件设计中常用的倒斜角、倒圆角、拔模等细节特征的创建，以及能够提高建模效率的特征关联复制、修剪体和抽壳等操作。重点在于熟练掌握细节特征的创建和特征操作的方法，建议安排4学时完成本章的学习。

5.1 细节特征

　　在机械设计中，细节特征是创建复杂精确模型的关键工具。在创建三维实体模型后，利用细节特征工具可以创建出更为精细、逼真的实体模型，作为后续分析、仿真和加工等操作的对象。细节特征包括边倒圆、面圆角、样式倒圆、样式拐角、倒斜角、拔模等，本节主要介绍边倒圆、倒斜角和拔模三种常用细节特征。

5.1.1 边倒圆

　　在机械零件的设计中，为其尖锐边缘添加倒圆角可以起到安装方便、消除轴肩应力集中和使用安全的作用。【边倒圆】可以对实体或者片体边缘进行恒定半径或者可变半径的倒圆角。NX 8.0 在圆角形状中新增了二次曲线圆角形状选项，从而可以创建出更符合设计要求的实体模型。

　　1．激活【边倒圆】操作

　　选择【特征】工具栏中的【边倒圆】█按钮，或选择菜单命令"插入→细节特征→边倒圆"，系统打开图 5.1 所示【边倒圆】对话框。该对话框除包括【要倒圆的边】基本选项外，还包括【可变半径点】、【拐角倒角】、【拐角突然停止】、【修剪】和【溢出解】等附加选项，通过设置附加选项及参数，可以改变创建【边倒圆】特征的方式。

图 5.1 【边倒圆】对话框

　　2．固定形状倒圆角

　　直接选取要倒圆的边，通过【形状】选项组设置倒圆角的形状并设置相应参数，即可创建固定形状的倒圆角，如图 5.2 所示。

　　如果在【要倒圆的边】选项组中单击【添加新集】按钮█，则新建一个倒圆角集，此时可为该集选择一条或多条边。不同的倒圆角集，其半径可以不同，如图 5.3 所示。在实际设计中，巧妙利用倒圆角集可以为更改设计带来便利。

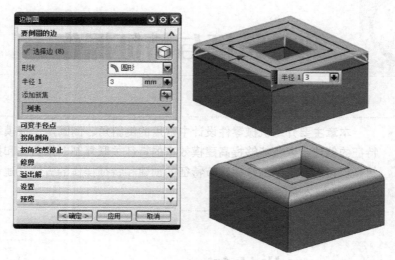

图 5.2　固定形状倒圆角

图 5.3　倒圆角集的应用

　　【形状】选项组包括【圆形】和【二次曲线】选项，用来设置所创建圆角的形状，如图 5.4 所示。【二次曲线】形状选项是 NX 8.0 的新增功能，可以实现二次曲线倒圆角（曲率半径不同），圆形倒圆角实际上是二次曲线倒圆角的特殊情况，也是较为常见的圆角形式。

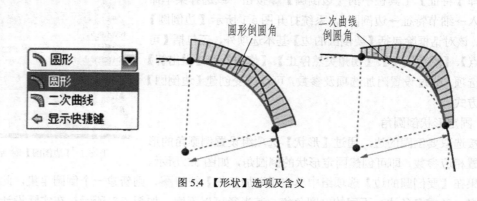

图 5.4　【形状】选项及含义

　　选择【二次曲线】选项，出现【二次曲线法】选项组，包括【边界和中心】、【边界和 Rho】

和【中心和 Rho】选项，如图 5.5（a）所示。【边界和中心】选项需要设置中心半径和边界半径参数值改变二次曲线形状。中心半径用来控制二次曲线顶点与锐角点的距离，其取值越小顶点越靠近锐角点。边界半径控制二次曲线与两相切边的位置，其取值越小切点越靠近二次曲线的顶点，如图 5.5（b）所示。

【边界和 Rho】选项需要设置边界半径和 Rho 参数值改变二次曲线形状，Rho 取值越大二次曲线顶点越靠近锐角点，如图 5.5（c）所示。

【中心和 Rho】选项需要设置中心半径和 Rho 参数值改变二次曲线形状，Rho 取值越小切点越靠近顶点，如图 5.5（d）所示。注意 Rho 取值范围必须在 0.01 和 0.99 之间。

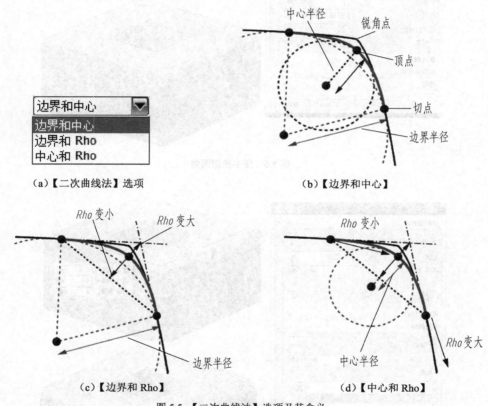

（a）【二次曲线法】选项　　　　　　（b）【边界和中心】

（c）【边界和 Rho】　　　　　　（d）【中心和 Rho】

图 5.5 【二次曲线法】选项及其含义

3．可变半径点

【可变半径点】选项通过修改控制点处的半径，从而实现沿选择的边指定多个点，以不同半径对实体或片体进行倒圆角。创建可变半径的倒圆角，需要首先选取要进行倒圆角的边，激活【可变半径点】选项组，然后利用【点构造器】工具指定该边上多个点的位置，并设置不同参数值，如图 5.6 所示是通过指定多个点并设置不同的圆角半径所创建的变半径倒圆角。

4．拐角倒角

【拐角倒角】选项是相邻 3 个面上 3 条邻边线的交点处产生的倒圆角，它是从零件的拐角处去除材料。要创建此类圆角，需要选择具有交汇顶点的 3 条棱边，并设置倒圆角半径。然后利用【点】工具捕捉交汇顶点并设置拐角参数值，如图 5.7 所示。

和【 *E* 中的 *Rho* 】选项、如图 5.5 (a) 所示。【结果】框中【要连接的边】列表框收集将要参与连接的边，通常是二次曲线边。

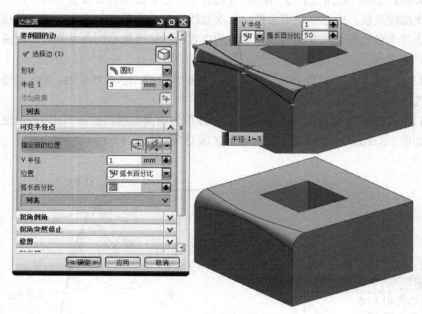

图 5.6　变半径倒圆角

图 5.7　【拐角倒角】倒圆角

5. 拐角突然停止

【拐角突然停止】选项可通过指定点或距离的方式将之前创建的圆截断。要创建此类圆角，需要通过【停止位置】选项设置拐角的终点位置，如图 5.8 所示。

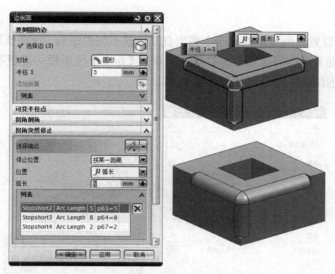

图 5.8 【拐角突然停止】效果

5.1.2 倒斜角

倒斜角是处理模型周围棱角的常用方法之一,在实际生产中,产品的边缘过于尖锐时,为了避免造成擦伤,往往需要对其棱边进行倒斜角操作。

1. 激活【倒斜角】操作

选择【特征】工具栏中的【倒斜角】按钮 🔌,或选择菜单命令"插入→细节特征→倒斜角",系统打开【倒斜角】对话框。该对话框包括【边】、【偏置】、【设置】和【预览】选项组。【偏置】选项组的【横截面】下拉列表框包括【对称】、【非对称】和【偏置和角度】3 种横截面选项。【设置】选项组的【偏置方法】下拉列表框包括【沿面偏置边】和【偏置面并修剪】选项,如图 5.9 所示。通过设置【偏置】选项及参数,可以改变创建倒斜角边的方式。

2. 对称方式

【对称】方式设置与倒角相邻的两个截面偏置相同的距离,其倒斜角的角度是固定的 45°,并且是系统默认的倒角方式。选择要倒斜角的边,然后选择【横截面】下拉列表框中的【对称】选项并设置倒角距离参数,即可创建对称截面的倒斜角特征,如图 5.10 所示。

图 5.9 【倒斜角】对话框

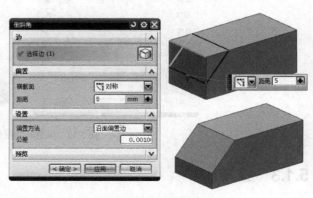

图 5.10 对称截面倒斜角

3．非对称方式

【非对称】方式设置与倒角相邻的两个截面分别偏置不同的距离。选择要倒斜角的边，然后选择【横截面】下拉列表框中的【非对称】选项，并在【距离】文本框中设置不同的距离参数，即可创建非对称截面的倒斜角特征，如图 5.11 所示。

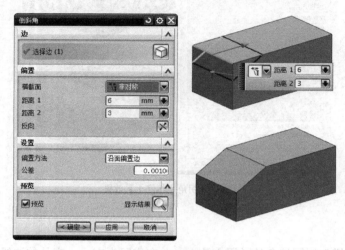

图 5.11　非对称截面倒斜角

4．偏置和角度方式

【偏置和角度】方式通过设置偏置距离和角度参数创建倒斜角特征。偏置距离是指沿偏置面偏置的距离，角度是指倒角与偏置面间形成的角度，其中【反向】按钮可以实现在相邻两个截面之间选择其一作为偏置面。选择要倒斜角的边，然后选择【横截面】下拉列表框中的【偏置和角度】选项，并设置距离和角度参数，即可创建倒斜角特征，如图 5.12 所示。

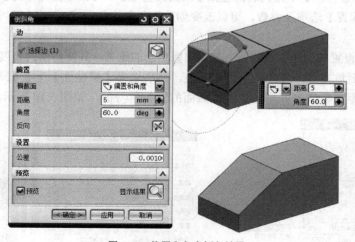

图 5.12　偏置和角度倒角效果

5.1.3　拔模

注塑件和铸件往往需要在脱模方向的各个面有一个斜度，该斜度称为拔模斜度，利用 NX 的拔模特征可以方便地为模型添加拔模斜度。

1．激活【拔模】操作

选择【特征】工具栏中的【拔模】按钮 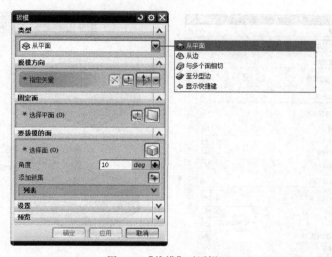，或选择菜单命令"插入→细节特征→拔模"，系统打开【拔模】对话框。该对话框除包括创建【拔模】特征的基本选项【类型】、【脱模方向】、【固定平面】和【要拔模的面】选项组外，还包括【设置】和【预览】附加选项，如图 5.13 所示。通过设置各选项组选项及参数，可以改变创建拔模特征的方式。

图 5.13　【拔模】对话框

2．从平面方式

该方式是以选取的固定面为基准平面，使需要拔模的实体表面与指定的拔模方向成一定角度来创建拔模特征。选择【类型】选项组中的【从平面】选项并指定脱模方向，然后选取实体表面作为固定基准面，接着选取要拔模的面并设置拔模角度值即可完成拔模特征创建，如图 5.14 所示。

图 5.14　从平面拔模

3．从边方式

该方式常用于从一系列实体的边缘开始，与拔模方向成一系列的拔模角度，对指定实体进行拔模操作，适用于变角度的拔模，其创建方法与【从平面】方式相似。选择【类型】选项组中的【从边】选项并指定【脱模方向】，然后选取拔模的固定边，并设置拔模角度值即可完成拔模特征创建。利用【可变拔模点】选项组中【点构造器】工具，在拔模边上捕捉多个基准点，可以设置多个不同拔模角度，从而实现变角度的拔模特征，如图 5.15 所示。

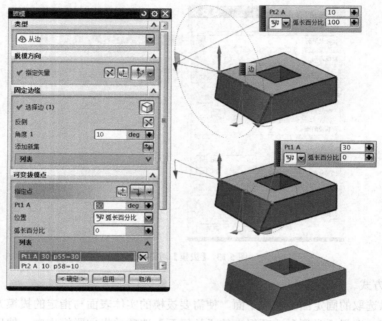

图 5.15　变角度从边拔模

4．与多个面相切方式

该方式适用于对相切表面拔模后要求仍然保持相切的情况。选择【类型】选项组中的【与多个面相切】选项并指定【脱模方向】，然后选取与要拔模的平面相切的面，并设置拔模角度值即可完成拔模特征的创建，如图 5.16 所示。

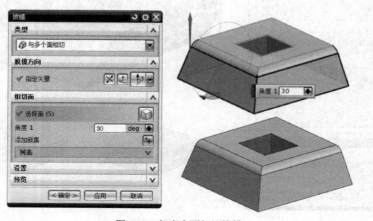

图 5.16　与多个面相切拔模

5．至分型边方式

该方式是沿指定的分型边缘使需要拔模的实体表面与指定的拔模方向成一定角度来创建拔模特征。选择【类型】选项组中的【至分型边】选项并指定脱模方向，然后选取与要拔模的平面相切的面，并设置拔模角度值即可完成拔模特征创建，如图 5.17 所示。

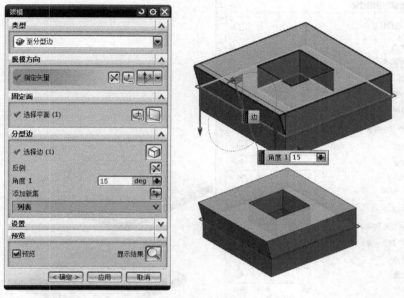

图 5.17　至分型边拔模

5.2　关联复制

关联复制通过对已创建好的特征进行编辑或复制，从而得到满足设计要求的实体或片体。关联复制包括对特征形成图样、抽取体、提升体、复合曲线、阵列面、镜像特征、镜像体和实例几何体等，本节主要介绍特征形成图样、阵列面、镜像特征和镜像体几种常用的关联复制操作。

5.2.1　对特征形成图样

对特征形成图样操作可以一次性阵列多个具有规则参数的相同特征，是产品设计师工作中常用到的命令。与之前版本相比，NX 8.0 提供功能十分强大的对特征形成图样命令。选择【特征】工具栏中的按钮【对特征形成图样】按钮，或选择菜单命令"插入→关联复制→对特征形成图样"，可以激活【对特征形成图样】操作。此命令提供丰富多样的阵列布局方式，包括线性、圆形、多边形、螺旋式、沿路径、常规和基准等，下面主要介绍线性阵列和圆形阵列两种布局方式。

1．线性阵列

线性阵列可以通过定义一个或两个线性方向，实现单方向或者多方向的阵列，同时可以控制阵列之间的距离和个数。如图 5.18 所示，激活【对特征形成图样】命令后，选择孔特征作为【要形成图样的特征】并定义孔中心为【基准点】，在【阵列定义】选项组【布局】下拉列表框中选择【线性】选项，选择实体边缘作为【方向1】和【方向2】，并分别设置适当相关参数，创建线性阵列效果。

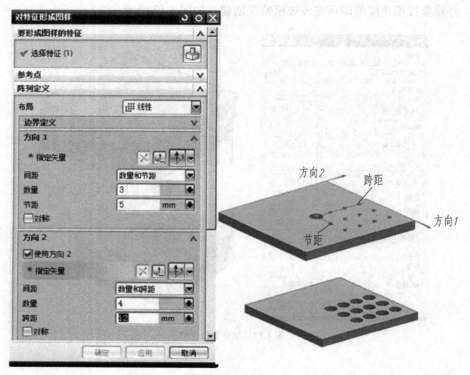

图 5.18　线性阵列

【间距】下拉列表框中提供【数量和节距】、【数量和跨距】和【节距和跨距】选项，【节距】表示特征源和相邻特征阵列之间的距离，【数量】表示包括特征源在内的特征阵列的总数，【跨距】表示特征源和沿阵列方向最远特征阵列之间的总距离。

如果在【方向1】选项组中选中【对称】复选框，创建的线性阵列效果如图 5.19（a）所示；如果在【方向1】和【方向2】中同时选中【对称】复选框，阵列效果如图 5.19（b）所示。

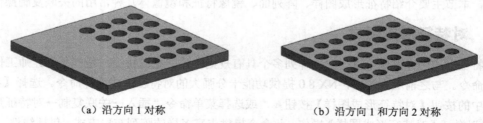

（a）沿方向 1 对称　　　　　　　　　　　　（b）沿方向 1 和方向 2 对称

图 5.19　对称线性阵列效果

2．圆形阵列

圆形阵列可以通过定义阵列旋转轴矢量方向，实现沿圆周方向分布的阵列。如图 5.20 所示，激活【对特征形成图样】命令后，选择凸台特征作为【要形成图样的特征】并定义凸台中心为【基准点】，在【阵列定义】选项组【布局】下拉列表框中选择【圆形】选项，选择 *ZC* 轴为旋转轴矢量方向，将底板中心定义为基准点，并设置适当相关参数，创建圆形阵列效果。

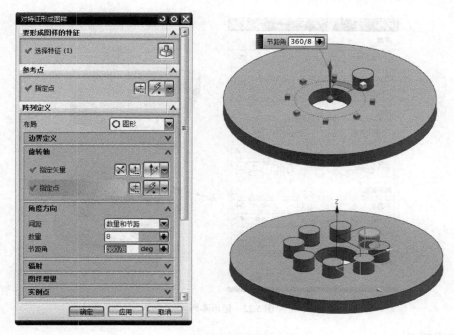

图 5.20　圆形阵列效果

如果在【辐射】选项组中选中【创建同心成员】复选框，将激活【间距】选项组，用于设置辐射阵列相关参数，创建的辐射圆形阵列效果如图 5.21 所示。

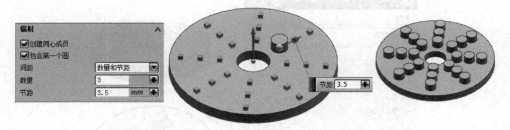

图 5.21　辐射阵列效果

5.2.2　阵列面

阵列面操作选择一组表面而不是某些实体特征作为阵列对象，选择的面所围成的形状就是阵列后的形状。阵列面操作完成后在部件导航器的特征树中作为一个特征出现。选择【特征】工具栏中的【阵列面】按钮，或选择菜单命令"插入→关联复制→阵列面"，系统打开【阵列面】对话框。阵列面命令提供三种阵列方式，包括【矩形阵列】、【圆形阵列】和【镜像】。

1．矩形阵列

单击【选择面】按钮，用鼠标选取需要阵列的面，通过【矢量对话框】工具设置矩形阵列

的 *XC* 轴以及 *YC* 轴方向，并在【阵列属性】选项中设置阵列参数，创建矩形阵列面，如图 5.22 所示。

图 5.22　矩形阵列面

2．圆形阵列

单击【选择面】按钮，用鼠标选取需要阵列的面，通过【轴】选项组设置创建圆形阵列的矢量方向和位置，并在【阵列属性】选项中设置阵列参数，创建圆形阵列面，如图 5.23 所示。

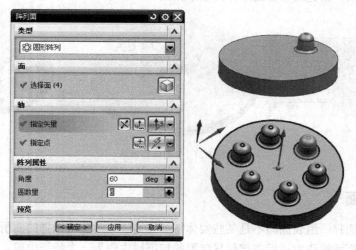

图 5.23　圆形阵列面

3．镜像阵列

单击【选择面】按钮，用鼠标选取需要阵列的面，通过【镜像平面】选项组选择镜像平面，并在【阵列属性】选项中设置阵列参数，创建圆形阵列面，如图 5.24 所示。

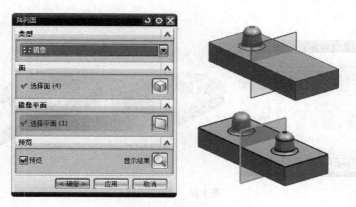

图 5.24 镜像阵列面

5.2.3 镜像特征和镜像体

1. 镜像特征

镜像特征就是基于平面对称地复制指定的一个或多个特征。选择【特征】工具栏中【镜像特征】按钮，或选择菜单命令"插入→关联复制→镜像特征"，系统打开【镜像特征】对话框。选取模型中需要镜像的特征并选取镜像平面即可创建镜像特征，如图 5.25 所示。

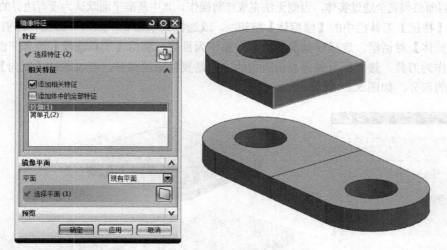

图 5.25 创建镜像特征

如果在【相关特征】列表框中选中【添加相关特征】复选框，则可以镜像所选特征所含的全部子特征；如果选中【添加体中全部特征】复选框，则可以同时把所选中的全部特征加入。如果模型中没有所需的镜像平面，则可以从【平面】下拉列表框中选择【新平面】选项创建新的平面作为镜像平面。

2. 镜像体

镜像体与镜像特征的区别在于镜像体只能以基准平面为镜像平面，并且其镜像对象为所选的实体或片体。镜像后的实体或片体和原对象相关联，但是其本身没有可以编辑的特征参数。

选择【特征】工具栏中【镜像体】按钮，或选择菜单命令"插入→关联复制→镜像体"，系统打开【镜像体】对话框。选取实体作为镜像对象，并选取基准平面作为镜像平面，创建镜像体如图 5.26 所示。

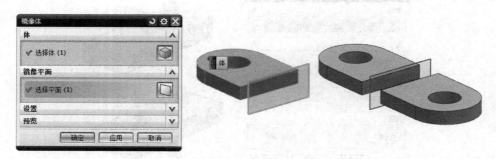

图 5.26　创建镜像体

5.3 修剪体

修剪体是利用平面、曲面或基准平面将实体模型一分为二，保留一边而切除另一边的操作。实体修剪后仍然是参数化实体，并保留实体创建时的所有参数。使用【修剪体】命令对实体或片体进行修剪操作时，修剪面必须完全通过实体，否则无法完成修剪操作。其中基准平面默认为没有边界的无穷面。

选择【特征】工具栏中的【修剪体】按钮 ，或选择菜单命令"插入→修剪→修剪体"，系统打开【修剪体】对话框。选择要修剪的实体对象作为目标，利用【工具选项】选择平面、曲面或基准平面作为刀具。修剪面上矢量箭头所指的方向是要移除的部分，可以通过【反向】按钮 ⊠ 指定要移除的部分，如图 5.27 所示。

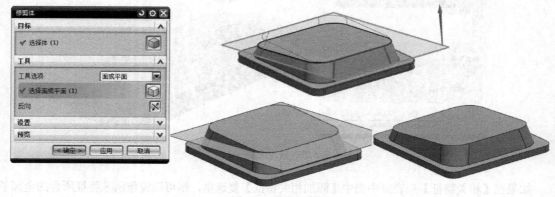

图 5.27　修剪体效果

5.4 抽壳

抽壳是指从指定的平面向下移除一部分材料，从而形成具有一定厚度的薄壁体。它常用于将实体模型掏空形成一个内空的腔体，或者包围实体模型成为壳体。

1. 激活【抽壳】操作

选择【特征】工具栏中的【抽壳】按钮，或选择菜单命令"插入→偏置/缩放→抽壳"，系统打开【抽壳】对话框，如图5.28所示。通过设置【类型】选择并设置厚度参数，可以改变创建壳体的方式。

2. 移除面，然后抽壳方式

该方式的抽壳特征需要指定实体中一个或多个面为移除面，并设置厚度参数值即可完成开口壳体的创建。选择【类型】选项组【移除面，然后抽壳】选项，然后选择要移除的面，接着在【厚度】选项组设置厚度参数及抽壳方向，单击【确定】按钮完成壳体创建，如图5.29所示。

图5.28 【抽壳】对话框

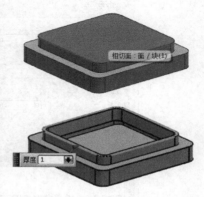

图5.29 移除面抽壳

3. 对所有面抽壳方式

该方式按照某个指定的厚度抽空实体，创建中空的壳体。选择【类型】选项组【对所有面抽壳】选项，然后直接选择要抽壳的实体并设置抽壳厚度参数及抽壳方向，单击【确定】按钮完成壳体创建，如图5.30所示。

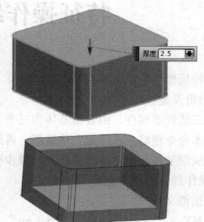

图5.30 抽壳所有面

4．不同厚度壳体方式

在实际设计中，壳体各个薄壁面的厚度经常是不同的，【抽壳】命令提供【备选厚度】选项组实现创建不同厚度的壳体操作。必须先选择移除面或要抽壳实体，才能激活【备选厚度】选项组。设置新的【厚度】值并利用【选择面】工具在绘图区指定实体表面，则选中表面将按照新指定的厚度发生变化。单击【添加新集】按钮🔳，则新建一个厚度值，此时可为该集选择一个或多个表面，不同厚度壳体的创建效果如图 5.31 所示。

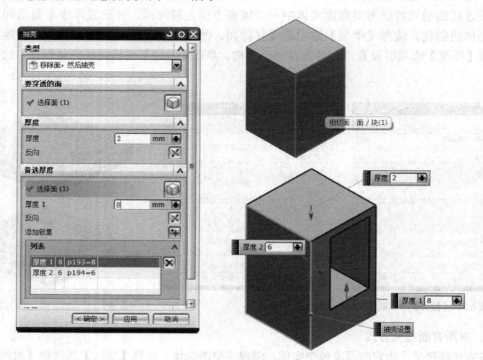

图 5.31　【备选厚度】改变壁厚效果

5.5　特征操作综合练习

综合利用特征操作创建图 5.32 所示的模型。

1．模型分析及建模策略

该模型为三通管道零件，由管道基体和三个不同形状的接头组成。可以先采用圆柱、凸台、拉伸和孔等基本命令粗略完成管道主体模型，再运用【镜像特征】、【对特征形成图样】以及【边倒圆】命令完成细节特征的创建与操作，建模步骤如图 5.33 所示。

2．特征操作综合练习 1 建模

（1）创建模型文件

启动 UG NX 8.0，新建模型文件 "5-1.prt"，设置单位为【毫米】，单击【确定】按钮进入建模模块。

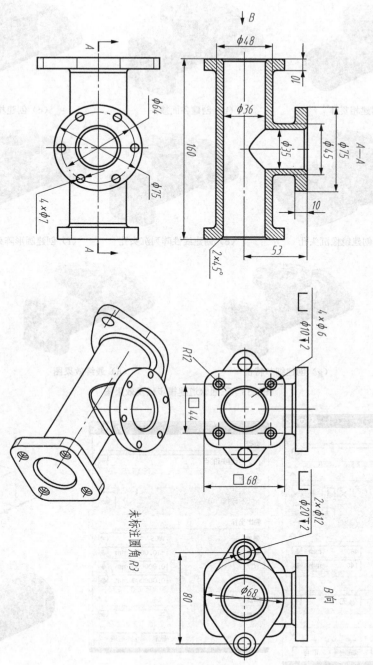

图 5.32 特征操作综合练习

（2）创建 ϕ48mm×140mm 的圆柱体

单击【特征】工具栏中的【圆柱体】按钮▮，系统打开【圆柱】对话框，选择基准坐标系的 X 轴为轴向，利用【点对话框】设置起始中心 XC 值为−70mm，并设置圆柱参数如图 5.34 所示，单击【确定】按钮。

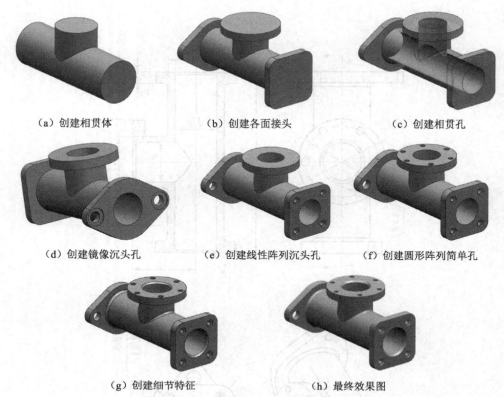

（a）创建相贯体　　　　　　　（b）创建各面接头　　　　　　　（c）创建相贯孔

（d）创建镜像沉头孔　　　　（e）创建线性阵列沉头孔　　　　（f）创建圆形阵列简单孔

（g）创建细节特征　　　　　　　　　（h）最终效果图

图 5.33　三通管道建模步骤及效果图

图 5.34　创建圆柱体

（3）创建凸台

　　单击【特征】工具栏中的【凸台】按钮，系统打开【凸台】对话框，设置凸台的【直径】和【高度】参数如图 5.35 所示，并选择基准坐标系 CSYS 的 *XY* 平面，单击【确定】按钮，系统打开【定位】对话框。

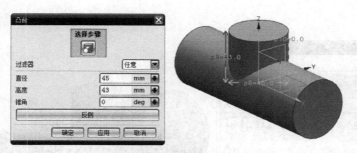

图 5.35　设置凸台参数

在【定位】对话框中单击【点落在线上】按钮，系统打开【点落在线上】对话框，此时系统提示用户选择目标边，选择基准坐标系的 X 轴，再次单击【点落在线上】按钮，系统打开【点落在线上】对话框，选择基准坐标系 Y 轴，系统返回【定位】对话框，单击【确定】按钮完成凸台的创建，如图 5.36 所示。

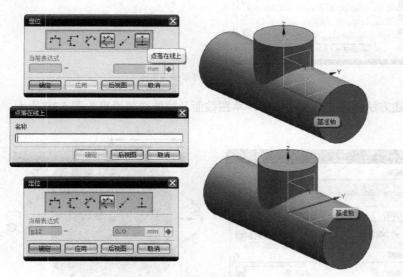

图 5.36　完成凸台定位

（4）创建各接头实体

单击【特征】工具栏中的【任务环境中的草图】按钮，选择圆柱前端面为草图平面，进入草图环境，根据图纸尺寸创建方形接头截面曲线，如图 5.37 所示。

单击【特征】工具栏上的【拉伸】按钮，系统打开拉伸对话框，在【截面】选项组中单击【选择曲线】按钮，在选择工具条中单击【选择规则】下拉列表，选中【相连曲线】选项，"连择上一步"绘制的方形接头截面曲线，并在【布尔】选项组中选择【求和】选项，其他参数如图 5.38 所示，单击【确定】按钮完成方形接头

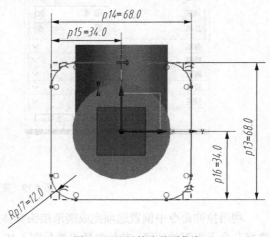

图 5.37　右端接头截面曲线

实体的创建。

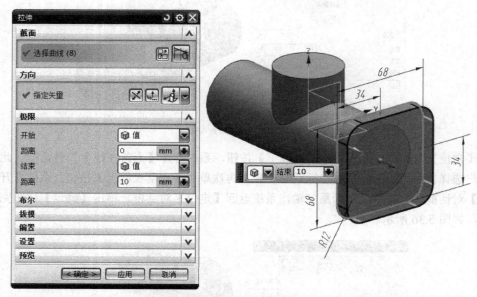

图 5.38　方形接头实体

按照上述方法创建菱形接头实体，草图截面及拉伸选项设置如图 5.39 所示。

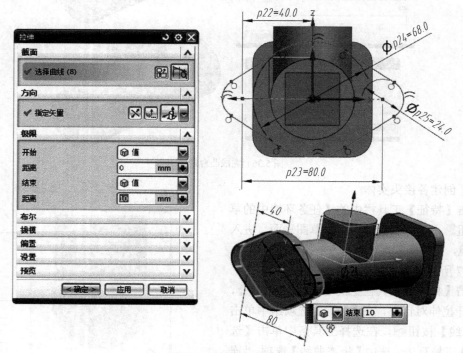

图 5.39　菱形接头实体创建

利用拉伸命令中偏置选项完成圆形接头实体的创建。单击【特征】工具栏上的【拉伸】按钮，选择凸台上表面的边缘，其他参数设置如图 5.40 所示，单击【确定】按钮，完成圆形接头实体的创建。

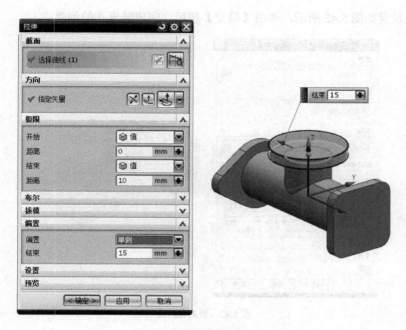

图 5.40 圆形接头实体创建

（5）创建孔

单击【特征】工具栏上的【孔】按钮，系统打开【孔】对话框，用鼠标选择菱形接头实体表面圆弧，圆心被自动拾取为孔中心，其他设置如图 5.41 所示，单击【应用】按钮，完成水平通孔的创建。

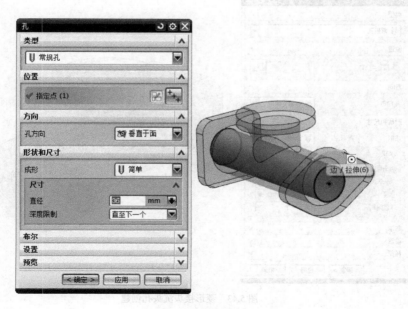

图 5.41 水平通孔创建

继续利用【捕捉点】工具【圆弧中心】规则，选择上端接头实体表面圆，圆心被自动拾取为孔中心，其他设置如图 5.42 所示，单击【确定】按钮，完成竖直孔的创建。

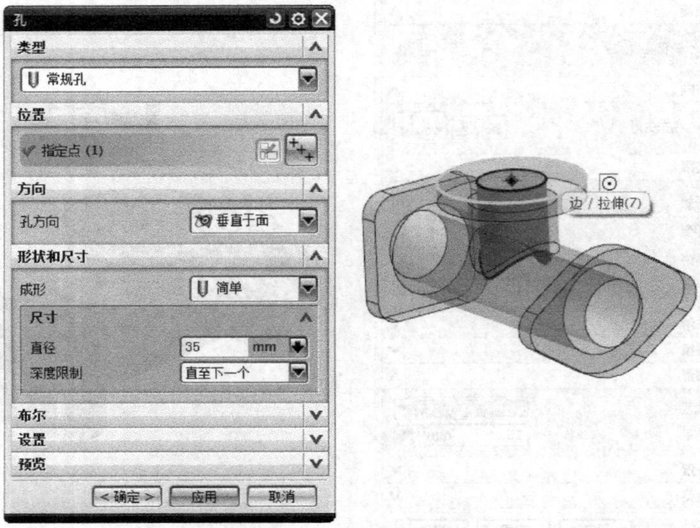

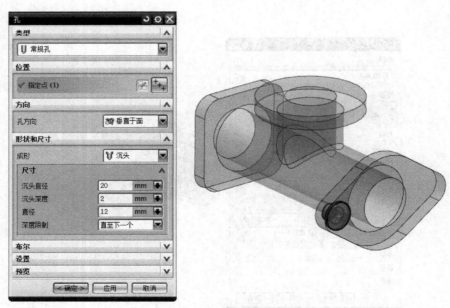

图 5.42　竖直孔创建

（6）创建菱形接头的沉头孔

单击【特征】工具栏上的【孔】按钮，系统打开【孔】对话框，选择菱形接头实体小圆弧，圆心被自动拾取为孔中心，其他设置如图 5.43 所示，单击【确定】按钮，完成菱形接头沉头孔的创建。

图 5.43　菱形接头沉头孔创建

选择【特征】工具栏中【镜像特征】按钮，系统打开【镜像特征】对话框，选择刚创建的沉头孔作为镜像特征，并选择基准坐标系 CSYS 中的 *XZ* 平面作为镜像平面，如图 5.44 所示，单击【确定】按钮，完成沉头孔的镜像。

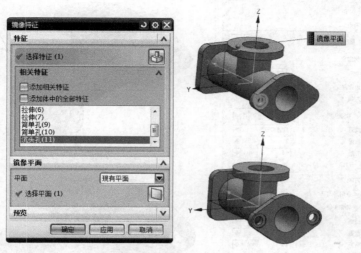

图 5.44 镜像沉头孔特征

（7）创建方形接头沉头孔

单击【特征】工具栏上的【孔】按钮 ，系统打开【孔】对话框，选择方形接头实体的小圆弧，圆心被自动拾取为孔中心，其他设置如图 5.45 所示，单击【确定】按钮，完成方形接头沉头孔的创建。

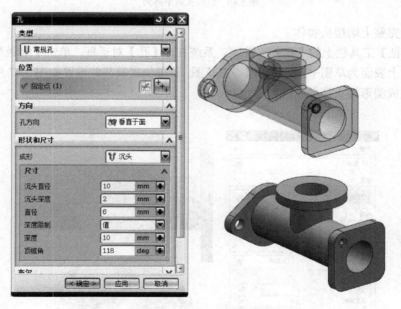

图 5.45 方形接头沉头孔创建

单击【特征】工具栏上的【对特征形成图样】按钮 ，系统打开【对特征形成图样】对话框，选择沉头孔特征并定义孔中心为【参考点】，在【阵列定义】选项组【布局】下拉列表框中选择【线性】选项，选择实体边缘作为【方向 1】和【方向 2】，并分别设置相关参数如图 5.46 所示，单击【确定】按钮，完成沉头孔的矩形阵列。

图 5.46 沉头孔矩形阵列

（8）创建完整上端接头实体

单击【特征】工具栏上的【孔】按钮，系统打开【孔】对话框，单击【绘制草图】按钮，选择圆形接头上表面为草图平面，绘制圆心点草图，草图位置及其他设置如图 5.47 所示，单击【确定】按钮，完成圆形接头简单孔的创建。

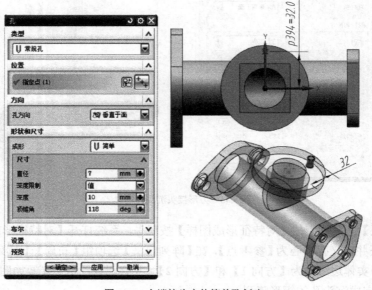

图 5.47 上端接头实体简单孔创建

激活【对特征形成图样】命令，选择简单孔特征作为要形成图样的特征，并定义孔中心为【参考点】，在【阵列定义】选项组【布局】下拉列表框中选择【圆形】选项，指定旋转矢量并分别设置相关参数如图 5.48 所示，单击【确定】按钮，完成简单孔的圆形阵列。

图 5.48 简单孔圆形阵列

（9）创建细节特征

单击【特征】工具栏中的【边倒圆】按钮，系统打开【边倒圆】对话框，选择相贯线以及三个接头与管道的三条交线作为要倒圆的边，设置倒圆角的参数如图 5.49 所示，单击【确定】按钮，完成边倒圆细节特征的创建。

图 5.49 倒圆角

单击【特征】工具栏中的【倒斜角】按钮，选择内孔边，设置倒角的参数如图 5.50 所示，

单击【×】按钮完成倒斜角【边】参数。选择倒角边并对称

装在【横截面】【类型】【对称】，【选择边】的数值，根据实际半分的距

首用关系如图 5.50 所示的角

图 5.50　倒斜角

5.6 上机练习

综合利用特征操作创建习题图 1 所示模型。

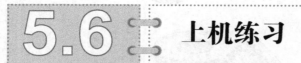

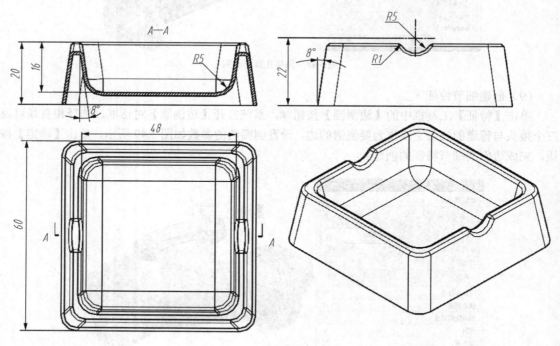

习题图 1

表达式与部件族

　　本章主要介绍 NX 中相关参数化设计。具体需要掌握表达式的创建和编辑、电子表格的基本运用、部件家族的创建和编辑、简单的优化设计等，建议安排 6 学时完成本章的学习。

6.1　表达式概述

　　表达式用来控制部件特征自身参数及特征与特征之间或者装配中部件与部件之间的关系。根据表达式的创建形式主要有用户表达式和软件表达式两种。用户表达式是由用户创建并编辑的表达式。软件表达式是软件自动创建的表达式，在进行下列操作时系统自动创建表达式。

　　① 标注草图尺寸。

　　② 特征创建：各个特征的创建参数。

　　③ 特征或草图定位。

　　④ 装配中添加的装配约束或者配对栏件。

6.1.1　创建表达式

　　【例 6.1】　创建 C 级六角头螺栓（GB/T 5780—2000），有关数据为：d=M12 mm；b=30 mm；k=6.5 mm；S=18 mm；L=100 mm，如图 6.1 所示。

　　1. 新建部件文件

　　启动 UG NX 8.0，新建模型文件"Bolt_mm.prt"。

　　2. 创建表达式

　　选择菜单命令"工具→表达式"，系统打开【表达式】对话框，在表达式的【名称】文本框中输入表达式变量的名称"d"，在表达式的【公式】文本

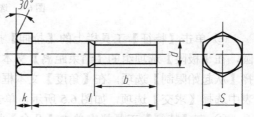

图 6.1　C 级六角头螺栓的结构形式

框中输入变量的值"12"，单击【接受编辑】按钮☑，创建表达式，以同样的方式创建螺栓各项参数的表达式，如图 6.2 所示，单击【确定】按钮。

　　注意表达式名不区分大小写，表达式名必须以字母字符开始，但可以由字母数字混合组成。表达式名可以包括内置下划线，但不可以使用任何其他特殊字符，如 、、？、*或！。

　　3. 创建基体

　　① 单击【特征】工具栏上的【任务环境中的草图】按钮📐，以基准坐标系 CSYS 的 XZ 平面

作为草图放置平面，以表达式 S 作为对边距离绘制图 6.3 所示草图，退出草图绘制模式。

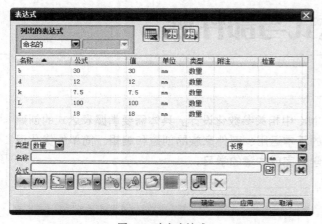

图 6.2　建立表达式

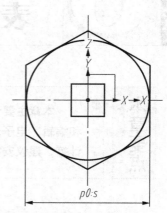

图 6.3　六角头草图

② 单击【特征】工具栏上的【拉伸】按钮▥，打开【拉伸】对话框，选取六角头草图中的六边形，在【极限】选项组的【结束距离】文本框中输入"k"，如图 6.4 所示，单击【确定】按钮，生成拉伸体。

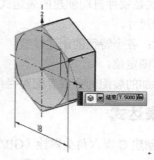

图 6.4　选取草图设置拉伸参数

③ 单击【特征】工具栏上的【拉伸】按钮▥，打开【拉伸】对话框，选取六角头草图中的圆，在【极限】选项组的【结束距离】文本框输入"k"，在【拔模】组的【拔模】下拉列表中选择【从起始限制】选项，在【角度】文本框中输入"-60"，在【布尔】选项组的【布尔】下拉列表中选择【求交】选项，如图 6.5 所示，单击【确定】按钮，生成拉伸体。

④ 在【特征】工具栏上单击【凸台】按钮▥，系统打开【凸台】对话框，指定放置平面，在【直径】文本框中输入"d"，在【高度】文本框中输入"L"，如图 6.6 所示。

⑤ 单击【应用】按钮，系统打开【定位】对话框。单击【点在线上】按钮▥，选择 X 轴。再次单击【点在线上】按钮▥，选择 Z 轴。单击【确定】按钮，生成凸台，如图 6.7 所示。

⑥ 在【特征】工具栏上单击【螺纹】按钮▥，打开【螺纹】对话框，指定圆柱表面作为放置平面，在【Method】下拉列表中选择【Rolled】选项，在【Form】下拉列表中选择【GB193】选项，在【长度】文本框中输入"b"，如图 6.8 所示。单击【确定】按钮，生成符号螺纹。

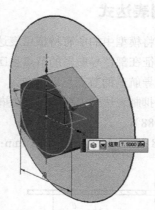

图 6.5 选取草图设置拉伸参数

图 6.6 选取凸台放置面并设置凸台的参数

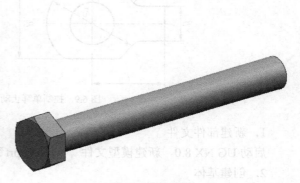

图 6.7 生成凸台

图 6.8 生成符号螺纹

⑦ 保存并关闭所有文件。

6.1.2　创建抑制表达式

抑制表达式可以将模型中的所有特征用表达式控制是否抑制。当抑制表达式的值为 0 时，特征是抑制状态，该特征在部件导航器的节点呈 状态。当抑制表达式的值为 1 时，特征是不抑制状态，该特征在部件导航器的节点呈 状态。

【例 6.2】　应用抑制表达式控制单耳止动垫圈变为平垫圈，如图 6.9 所示，单耳止动垫圈数据如下（GB/T 854—1988）：

d=6.5 mm；L=18 mm；L_1=9 mm；B=7 mm；B_1=12 mm；D=18 mm；r=4 mm。

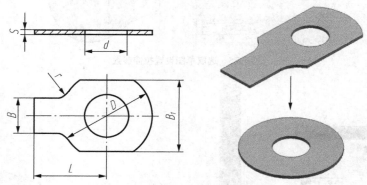

图 6.9　控制单耳止动垫圈变为平垫圈

1. 新建部件文件

启动 UG NX 8.0，新建模型文件 "washer.prt"。

2. 创建基体

① 选择菜单命令"插入→设计特征→圆柱体"，系统打开【圆柱】对话框，从【类型】列表中选择【轴、直径和高度】选项，在【轴】选项组中【指定矢量】选择 Z 轴方向。在【尺寸】选项组中，【直径】文本框中输入 18，【高度】文本框中输入 0.5，单击【确定】按钮，创建圆柱体，如图 6.10 所示。

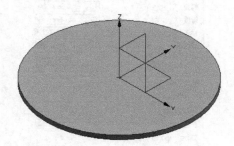

图 6.10　创建基体

② 单击【特征】工具栏上的【任务环境中的草图】按钮 ，以基准坐标系 CSYS 的 XY 平面作为草图放置平面，绘制图 6.11 所示草图，然后退出草图绘制模式。

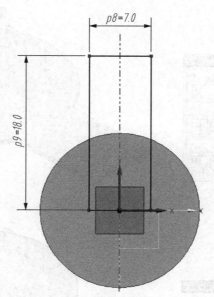

图 6.11 绘制矩形草图

③ 单击【特征】工具栏上的【拉伸】按钮，打开【拉伸】对话框，选取上一步绘制的矩形草图，在【极限】选项组的【结束距离】下拉列表中选择【直至延伸部分】选项，选择圆柱体上表面，如图 6.12 所示，单击【确定】按钮，生成拉伸体。

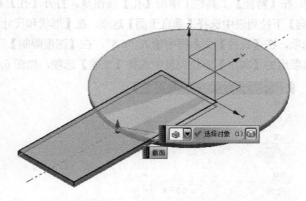

图 6.12 创建拉伸特征

④ 单击【特征】工具栏上的【基准平面】按钮，系统打开【基准平面】对话框，选择 CSYS 的 YZ 平面，在【距离】文本框中输入 6，单击【应用】按钮，继续选择 YZ 平面，单击【反向】按钮，在反方向创建同样的基准面，如图 6.13 所示，单击【确定】按钮。

⑤ 单击【特征】工具栏上的【修剪体】按钮，系统打开【修剪体】对话框，在【目标】选项组中选择实体，在【工具】选项组中选择右边基准面，单击【应用】按钮。用同样方法修剪对侧实体，如图 6.14 所示。

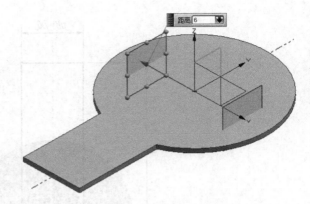

图 6.13　创建基准平面

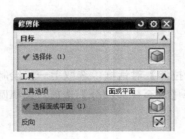

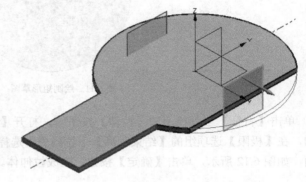

图 6.14　修剪实体

⑥ 在【特征】工具栏上单击【孔】按钮■，打开【孔】对话框，指定圆心，在【方向】选项组的【孔方向】下拉列表中选择【垂直于面】选项，在【形状和尺寸】选项组的【成形】下拉列表中选择【简单】选项，在【直径】文本框中输入"6.5"，在【深度限制】下拉列表中选择【贯通体】选项，在【布尔】选项组的【布尔】下拉列表中选择【求差】选项，如图 6.15 所示，单击【确定】按钮，生成孔。

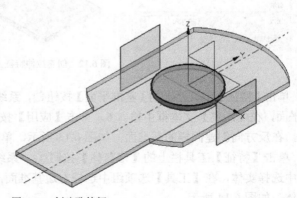

图 6.15　创建孔特征

⑦ 单击【特征操作】工具栏上【边倒圆】按钮，在【要倒圆的边】选项组中激活【选择边】选项，在图形区选择2条倒角边，在【形状】下拉列表中选择【圆形】选项，在【半径】文本框中输入4，如图6.16所示，单击【确定】按钮。

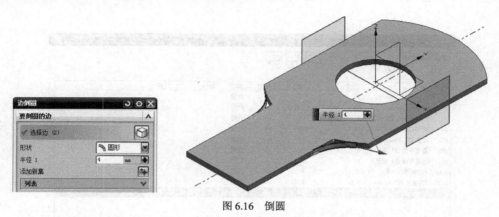

图 6.16　倒圆

3．创建抑制表达式

选择菜单命令"编辑→特征→由表达式抑制"，系统打开【由表达式抑制】对话框，在【表达式】选项组的【表达式选项】下拉列表中选择【创建共享的】选项，在【选择特征】列表中选择"草图"、"拉伸"、"基准平面"、"修剪体"、"边倒圆"等特征，如图6.17所示，单击【应用】按钮。

【表达式选项】下拉列表中包括【为每个创建】、【创建共享的】、【为每个删除】、【删除共享的】选项，各选项意义如下。

【为每个创建】——为选中的特征创建抑制表达式，但只能控制一个特征。

【创建共享的】——为多个特征创建一个抑制表达式，可由一个表达式同时控制多个特征的抑制状态。

【为每个删除】——把选中的特征的抑制表达式删除。如果该特征属于共享抑制表达式，则只删除这个特征的共享抑制表达式，对其余的没有影响。

【删除共享的】——把共享的抑制表达式删除。

图 6.17　【由表达式抑制】对话框

4．检查表达式的建立

单击【显示表达式】按钮，在列表中检查表达式的建立，如图6.18所示。

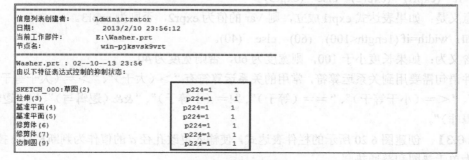

图 6.18　表达式列表

5. 重命名并测试新的表达式

选择菜单命令"工具→表达式"，系统打开【表达式】对话框，查找创建的表达式 p224 并将其改名为 Show_Suppress，将 Show_Suppress 的值由 1 改为 0，单击【应用】按钮，如图 6.19 所示。

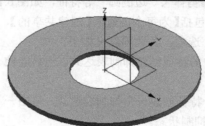

图 6.19 特征抑制后模型显示

6. 保存并关闭所有文件

6.1.3 建立栏件表达式

栏件表达式是指利用 if/else 语法结构建立的表达式，if/else 的语法结构为

Var=if (exprl) (expr2) else (expr3)

其意义是：如果表达式 exprl 成立，则 Var 的值为 expr2，否则为 expr3。

例如：width=if (1ength<100) (60) else (40)。

其含义为：如果长度小于 100，则宽度为 60，否则宽度为 40。

栏件语句需要用到关系运算符，常用的关系运算符有">（大于）"、">=（大于等于）"、"<（小于）"、"<=（小于等于）"、"==（等于）"、"!=（不等于）"、"&&（逻辑与）"、"||（逻辑或）"、"!（逻辑非）"。

【例 6.3】 创建图 6.20 所示的栏件表达式，使输入更改孔径 *d* 的值作为判断栏件，控制垫圈的形式为单舌垫圈和普通垫圈。

判断栏件	垫圈形式
孔径 *d* ≤10 mm	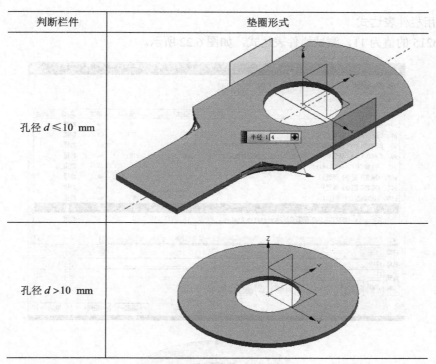
孔径 *d* >10 mm	

图 6.20　栏件表达式

1．打开部件文件

打开上一步骤创建的 washer.prt 文件。

2．创建栏件表达式

选择菜单命令"工具→表达式"，打开【表达式】对话框，选择"Show_Suppress (SKETCH_000: 草图(2)Suppression Status)"，在【公式】文本框中输入"if (p215>10) (0) else (1)"，单击【接受编辑】按钮☑，如图 6.21 所示，单击【确定】按钮。

图 6.21　创建栏件表达式

3．应用栏件表达式

改变 p215 的值为 11，测试栏件表达式，如图 6.22 所示。

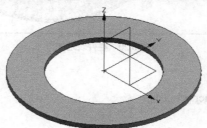

图 6.22　测试栏件表达式

4．保存并关闭所有文件

6.2 NX 部件族

对于外形相似但又不完全相同的零部件，NX 部件族可以建立起此类零部件的系列化。达到知识再利用的目的，大大节省了三维建模的时间。这个功能尤其适合于标准件或通用件的建立。NX 部件族由模板部件、家族表格、家族成员三部分组成。

【模板部件】——部件族基于此部件通过电子表格构建其他的系列化零件。

【家族表格】——用模板部件创建的电子表格，描述了模板部件的不同属性，可根据需要定义编辑。

【家族成员】——从模板部件和家族表格中创建并与它们关联的只读部件文件。此部件文件只能通过家族表格修改数据。

【例 6.4】　创建 C 级六角头螺栓（GB/T 5780—2000）的实体模型零件库，零件规格见表 6.1。

表 6.1   C 级六角头螺栓的规格

螺纹规格 d	K/mm	b/mm	s/mm
M12	6.5	30	18
M16	10	38	24
M20	13	46	30
M24	15	54	36

1．打开部件文件

在 UG NX Sample 文件夹中打开 "cha6\ Bolt _5780.prt"。

2．建立部件族参数电子表格

① 选择菜单命令 "工具→部件族"，系统打开【部件族】对话框，在【可用的列】列表框中依次双击螺栓的可变参数 s、d、k、b，将这些参数添加到【选定的列】列表框中，将【族保存目录】改为 "\NX8\8\Study\"，如图 6.23 所示。

② 在【部件族电子表格】选项组中单击【创建】按钮，系统启动 Microsoft Excel 程序，并生成一张工作表，如图 6.24 所示。

图 6.23 【部件族】对话框

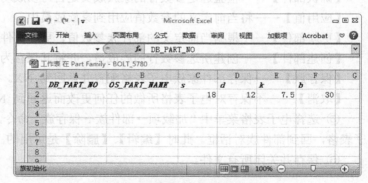

图 6.24 部件族参数电子表格

表中：DB_PART_NO——生成家族成员的序号。

    OS_PART_NAME——命名生成家族成员的名字。

③ 基于表 6.1 录入系列螺栓的规格，如图 6.25 所示。

④ 选取工作表中的 2～5 行、A～F 列。在 Excel 工作表中选择菜单命令 "加载项→部件族→创建部件"，系统运行一段时间以后，系统打开【信息】对话框，如图 6.26 所示。显示所生成的系列零件，即零件库。

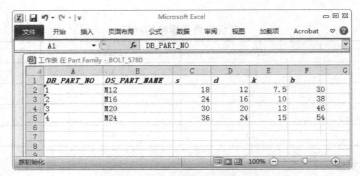

图 6.25　录入系列螺栓的规格

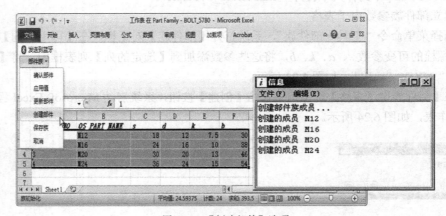

图 6.26　【创建部件】选项

在 Excel 工作表中【部件族】下拉菜单中的各项意义如下。

【确认部件】——检验选定参数行的家族成员是否可以成功建立。

【应用值】——将当前定义的参数值应用到家族成员中。

【更新部件】——根据当前定义的部件族参数值，更新部件族成员。

【创建部件】——创建所选参数行的族成员，并将其保存为 NX 部件文件。

【保存族】——保存部件家族电子表格配置并返回到 NX。

【取消】——不保存对电子表格所做的任何更改而返回到 NX。

⑤ 选择电子表格菜单中"加载项→部件族→保存族"命令，保存部件家族表格配置。关闭电子表格，回到部件族对话框。此时【编辑】、【删除】是可用的。

⑥ 保存并关闭所有文件。

6.3　表达式应用实例

6.3.1　设计意图

【例 6.5】　通过建立"栏件表达式"来体现设计意图，如图 6.27 所示。

图 6.27　应用表达式

设计意图如下。

C 级六角头螺栓的长度参数 L 控制螺纹长度 b。螺纹长度是螺栓长度的函数，其函数关系见表 6.2。

表 6.2　　　　　　　　　　　螺纹长度与螺栓长度的函数关系

螺栓长度 L/mm	螺纹长度 b/mm
$L \leqslant 80$	$b=L$
$80 < L \leqslant 125$	$b=30$
$125 < L \leqslant 200$	$b=36$
$L > 200$	$b=49$，出现孔

6.3.2　建模策略与操作步骤

1．建模策略分析

螺纹长度将由下列表达式约束：

b=if ($L <= 80$) (L) else (b_c)

即：如果螺栓长度小于等于 80 mm，则螺纹长度将等于 L；否则转到表达式 b_c。

b_c=if ($L <= 125$) (30) else (b_b)

即：如果螺栓长度小于等于 125 mm，则螺纹长度将等于 30 mm；否则转到表达式 b_b。

b_b=if ($L <= 200$) (36) else (b_a)

即：如果螺栓长度小于等于 200 mm，则螺纹长度将等于 36 mm；否则转到表达式 b_a。

b_a=if ($L > 200$) (49) else (b_sup=1)

即：如果螺栓长度大于 200 mm，则螺纹长度将等于 49 mm；否则转到表达式 b_sup。

b_sup= if ($L < 200$) (0) else (1)

即：如果螺栓长度小于 200 mm，则抑制孔特征，否则不抑制孔特征。

2．操作步骤

（1）新建部件文件

启动 UG NX 8.0，新建模型文件"expression.prt"。

（2）创建模型

① 选择菜单命令"工具→表达式"，系统打开【表达式】对话框，列出已经建立的表达式，

如图 6.28 所示。

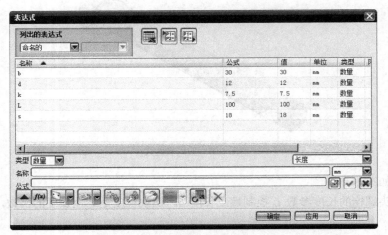

图 6.28　【表达式】对话框

　　② 单击【特征】工具栏上的【任务环境中的草图】按钮，以基准坐标系 CSYS 的 *XZ* 平面作为草图放置平面，绘制图 6.29 所示草图，然后退出草图绘制模式。

　　③ 单击【特征】工具栏上的【拉伸】按钮，打开【拉伸】对话框，选取上一步绘制的六边形草图，在【方向】选项组中指定矢量方向为 *YC* 轴方向。在【极限】选项组的【结束距离】文本框中输入"k"，如图 6.30 所示，单击【确定】按钮，生成拉伸体。

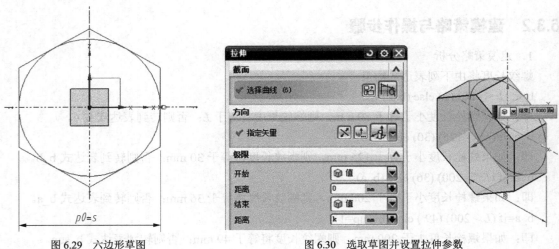

图 6.29　六边形草图　　　　　　　　　　图 6.30　选取草图并设置拉伸参数

　　④ 单击【特征】工具栏上的【拉伸】按钮，打开【拉伸】对话框，选取六边形草图中的圆，在【极限】选项组的【结束距离】文本框中输入"k"，在【拔模】选项组的【拔模】下拉列表中选择【从起始限制】选项，在【角度】文本框中输入"-60"，在【布尔】选项组的【布尔】下拉列表中选择【求交】选项，如图 6.31 所示，单击【确定】按钮，生成拉伸体。

　　⑤ 在【特征】工具栏上单击【凸台】按钮，系统打开【凸台】对话框，指定放置平面，在【直径】文本框中输入"d"，在【高度】文本框中输入"L"，如图 6.32 所示。

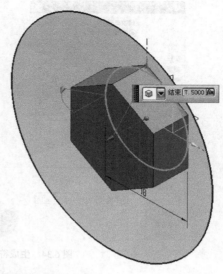

图 6.31 选取草图并设置拉伸参数

⑥ 单击【应用】按钮，打开【定位】对话框。单击【点在线上】按钮⊞，选择 X 轴。再次单击【点在线上】按钮⊞，选择 Z 轴。单击【确定】按钮，生成凸台，如图 6.33 所示。

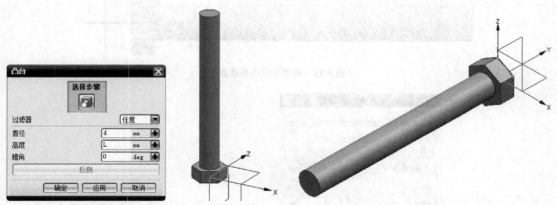

图 6.32 选取凸台放置面并设置凸台的参数   图 6.33 生成凸台

⑦ 在【特征】工具栏上单击【螺纹】按钮，打开【螺纹】对话框，指定圆柱表面作为放置平面，在【Method】下拉列表中选择【Rolled】选项，在【Form】下拉列表中选择【GB193】选项。在【长度】文本框中输入 "b"。如图 6.34 所示。单击【确定】按钮，生成符号螺纹。

⑧ 在【特征】工具栏上单击【孔】按钮，打开【孔】对话框，指定 CSYS 的 YZ 平面为草图平面，进入草图环境创建用于指定孔位置的点。添加适当的几何约束并标注尺寸为 "L-10"，如图 6.35 所示。单击【完成草图】按钮，退出草图环境，返回【孔】对话框。

⑨ 在【方向】选项组的【孔方向】下拉列表中选择【沿矢量】选项，指定矢量为 XC 方向。在【形状和尺寸】选项组的【成形】下拉列表中选择【简单】选项，在【直径】文本框中输入 "3.2"，在【深度限制】下拉列表中选择【贯通体】选项，在【布尔】选项组的【布尔】下拉列表中选择【求差】选项，如图 6.36 所示，单击【确定】按钮，生成孔。

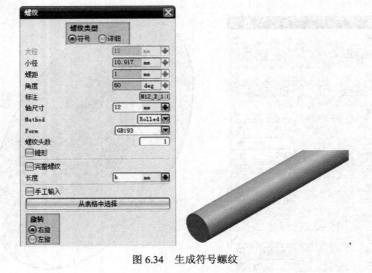

图 6.34　生成符号螺纹

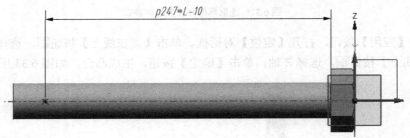

图 6.35　创建孔中心基准点

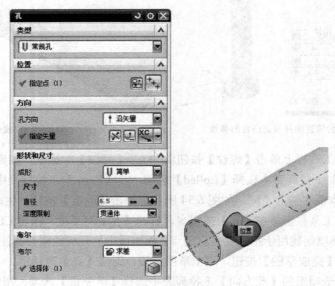

图 6.36　设置孔的参数

（3）建立孔的抑制表达式

设计意图规定如果螺栓长度大于 200 mm 时将出现孔。设计意图将通过建立【抑制特征】的抑制表达式来完成。

① 选择菜单命令"编辑→特征→由表达式抑制"，系统打开【由表达式抑制】对话框，在【表达式选项】中选择【为每个创建】选项。展开【选择特征】组，在候选特征列表中选择"简单孔（6）"，如图 6.37 所示，单击【确定】按钮。

图 6.37 【由表达式抑制】对话框

② 选择"工具→表达式"命令，系统打开【表达式】对话框，选择"p144（简单孔(6) Suppression Status)"，在【名称】文本框中输入"b_sup"，在【公式】文本框中输入"if (L<200) (0) else (1)"，单击【接受编辑】按钮 ，如图 6.38 所示，单击【确定】按钮。

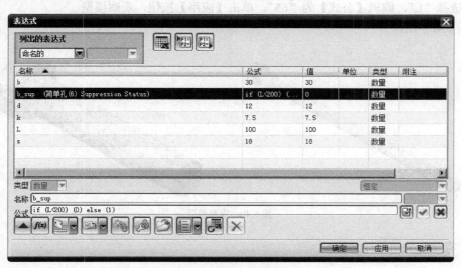

图 6.38 【表达式】对话框

③ 建立其余的栏件表达式如下。

b=if (L<=80) (L) else (b_c);

b_c=if (L<=125) (30) else (b_b);

b_b=if (L<=200) (36) else (b_a);

b_a=if (L＞200) (49) else (b_sup)　；

选择"b"，编辑【公式】"if (L＜=80) (L) else (b_c)"，单击【应用】按钮。如图 6.39 所示。

图 6.39　建立栏件表达式

（4）测试设计意图

① 选择"L"，编辑【公式】为"235"，单击【应用】按钮，观察模型。

② 选择"L"，编辑【公式】为"65"，单击【应用】按钮，观察模型。

如图 6.40 所示。

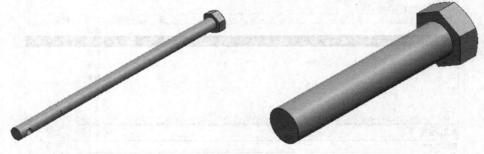

图 6.40　观察模型

（5）存储和关闭部件文件

6.4 ┆ 上机练习

1. 建立垫圈零件库，如习题图 1 所示。

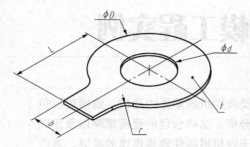

公制螺纹	单舌垫圈/mm					
	d	D	t	L	b	r
6	6.5	18	0.5	15	6	3
10	10.5	26	0.8	22	9	5
16	17	38	1.2	32	12	6
20	21	45	1.2	36	15	8

习题图 1

2. 建立轴承压盖零件库，如习题图 2 所示。

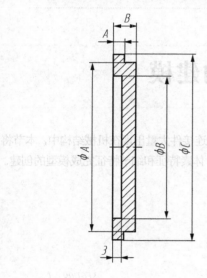

	A	B	C
1	62	52	68
2	47	37	52
3	30	20	35

习题图 2

机械零件建模工程实例

本章要点

  本章主要介绍轴、盘类和箱体类典型机械零件的建模。建模过程包括对不同形状结构的零件进行综合分析，选择合理的建模策略以及正确地使用特征创建命令。本章重点在于对机械零件建模规律的掌握，难点在于扫描特征、体素特征、细节特征和特征操作在建模过程中的综合应用。建议安排 8 学时完成本章的学习。

7.1   轴、盘类零件的建模

  轴盘类零件的主要特征是回转体，该类零件作为传动件和密封连接件大量出现在机械结构中，本节将通过两个实例来详细介绍如何根据零件结构，综合利用扫描特征、体素特征和细节特征完成模型的创建。

7.1.1   传动轴模型的创建

  创建图 7.1 所示的传动轴模型。

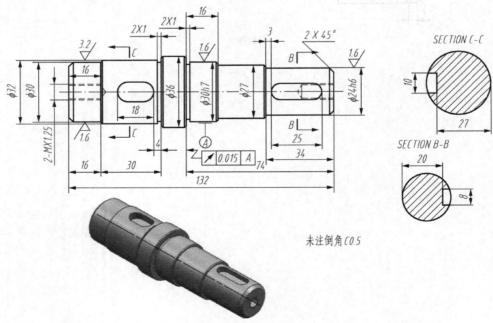

图 7.1   传动轴零件图

1．模型分析与建模策略选择

该零件主要由直径和长度不同的圆柱、退刀槽、键槽和两端面螺纹孔组成，可以利用草图特征在不同的基准面上创建图 7.2 所示的多个截面，然后利用【回转】和【拉伸】特征完成操作。

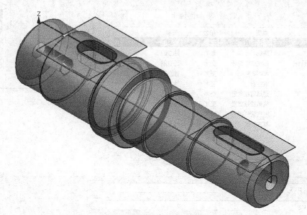

图 7.2　利用扫描特征创建模型所需截面

但是，单纯利用扫描的方法创建时，需要在几个基准面上创建草图特征截面线，降低了建模效率。通过分析各段圆柱可以利用在圆柱体的基础上创建凸台特征完成，退刀槽和键槽以及螺纹孔可以利用【设计特征】中的【开槽】、【键槽】和【孔】命令来创建，倒角可用【细节特征】中的【倒斜角】命令完成。这样不仅可以提高建模效率，而且可使模型包含更多的特征信息。建模步骤如图 7.3 所示。

（a）创建圆柱特征	（b）创建各凸台特征	（c）创建退刀槽

（d）创建键槽特征	（e）创建孔特征	（f）创建倒角完成建模

图 7.3　传动轴建模步骤

2．传动轴建模

（1）创建模型文件

启动 UG NX 7.0，新建模型文件"7-1.prt"，设置单位为【毫米】，单击【确定】按钮进入建模模块，如图 7.4 所示。

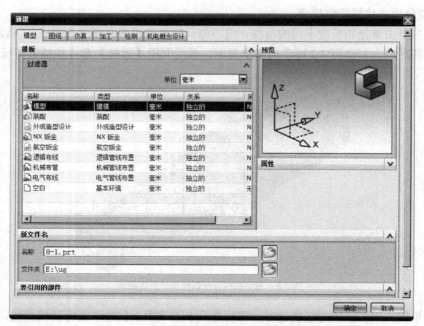

图 7.4　创建模型文件对话框

（2）创建圆 ϕ30mm×16mm 的圆柱体

单击【特征】工具栏中的【圆柱体】按钮██，系统打开【圆柱】对话框，设置创建【类型】为【轴、直径和高度】方式，选择基准坐标系 CSYS 的 X 轴为圆柱的轴向，坐标系原点为起始中心，其余参数如图 7.5 所示，单击【确定】按钮。

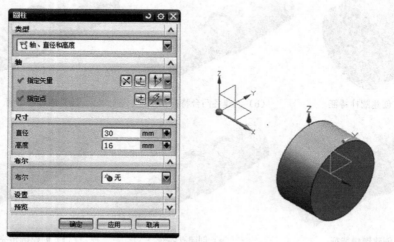

图 7.5　创建 ϕ30mm×16mm 圆柱体

（3）创建各凸台

单击【特征】工具栏中的【凸台】按钮██，系统打开【凸台】对话框，设置凸台的【直径】和【高度】参数，如图 7.6 所示，并选择已创建圆柱体的前表面。单击【应用】按钮，系统弹出【定位】对话框。

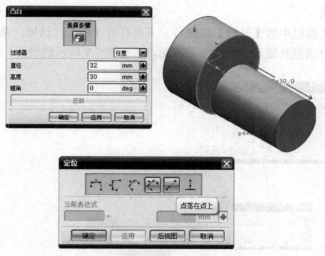

图 7.6　设置凸台参数

在【定位】对话框中选择【点落在点上】按钮，系统打开【点落在点上】对话框，此时系统提示用户选择目标边，用鼠标点选圆柱体前表面的边缘，系统打开【设置圆弧位置】对话框，选择【圆弧中心】选项创建的凸台中心自动和目标边的圆弧中心对正，并返回【凸台】对话框，如图 7.7 所示。

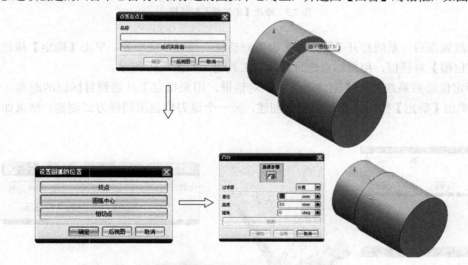

图 7.7　选择定位方式完成凸台创建

重复上述操作，利用【凸台】功能分别创建传动轴的各段，结果如图 7.8 所示。

图 7.8　完成各段轴的创建

（4）创建退刀槽

单击【特征】工具栏中的【开槽】按钮，系统打开【槽】对话框，单击【矩形】选项，系统打开【矩形槽】对话框并提示用户选择放置面，选择图 7.9 所示的表面。

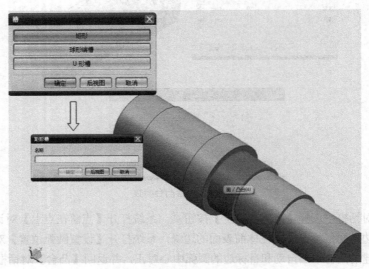

图 7.9 激活【矩形槽】对话框

选择放置面后，系统打开【矩形槽】参数对话框，设置各项参数，单击【确定】按钮，系统打开【定位槽】对话框，用鼠标点选目标边和工具边，如图 7.10 所示。

选择定位边后系统打开【创建表达式】对话框，用来指定工具边到目标边的距离，设定距离为 0，单击【确定】按钮完成退刀槽的创建，另一个退刀槽也用同样方式创建，结果如图 7.11 所示。

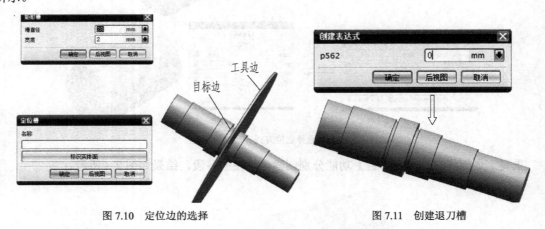

图 7.10 定位边的选择 　　　　　　　图 7.11 创建退刀槽

（5）创建键槽

由于【键槽】特征只能在平面上创建，所以需要首先创建基准平面，单击【基准平面】按钮，打开【基准平面】对话框，设置各项参数如图 7.12 所示，单击【确定】按钮完成第一辅助基准面的创建，以同样的方式创建第二辅助基准面，如图 7.13 所示。

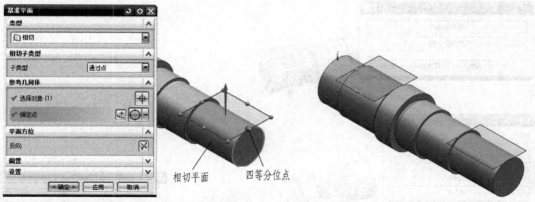

图 7.12 第一辅助基准面的创建　　　　　　　图 7.13 第二辅助基准面的创建

单击【特征】工具栏中的【键槽】按钮，系统打开【键槽】对话框，点选【矩形槽】单选框，单击【确定】按钮，系统打开【矩形键槽】对话框，系统提示用户选择放置面，选择第一辅助基准面，如图 7.14 所示。

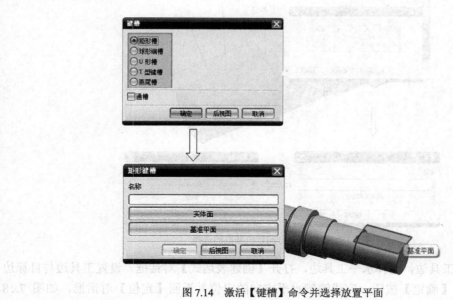

图 7.14 激活【键槽】命令并选择放置平面

在打开的【默认方向】对话框中选择【接受默认边】，单击【确定】按钮，系统打开【水平基准】对话框，选择基准坐标系 CSYS 的 X 轴为水平基准即键槽的长度方向，如图 7.15 所示。

指定水平基准后系统打开【矩形键槽】参数对话框，设置键槽尺寸参数，如图 7.16 所示，单击【确定】按钮，系统打开【定位对话框】。

在【定位】对话框中选择【水平】按钮，单击【确定】按钮，系统打开【水平】尺寸对话框，选择图 7.17 所示的目标边，打开【设置圆弧位置】对话框，选择【圆弧中心】，单击【确定】按钮，返回到【水平】对话框。

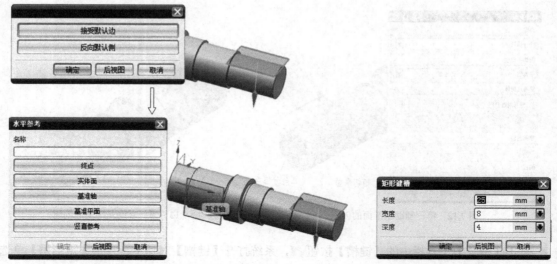

图 7.15 选择默认方向和水平基准

图 7.16 设置键槽尺寸参数

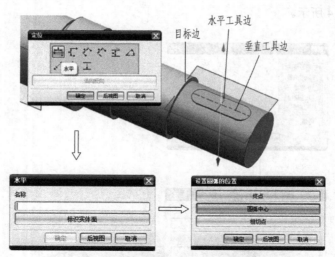

图 7.17 键槽水平方向定位基准的选择

系统提示选择工具边，选择水平工具边，打开【创建表达式】对话框，设置工具边与目标边之间的距离，单击【确定】按钮，完成键槽水平方向的定位并返回【定位】对话框，如图 7.18所示。

图 7.18 设置水平方向定位尺寸

在【定位】对话框中选择【垂直】按钮，完成键
槽垂直方向的定位，另一个键槽以同样的方式创建，结
果如图7.19所示。

（6）创建螺纹孔

单击【特征】工具栏上的【孔】按钮，系统打开
出【孔】对话框，各项参数设置如图 7.20 所示。单击
【位置】选项的【指定点】按钮，选定前端面圆心点，
单击【应用】按钮，以同样的方式创建后端面的螺纹孔，
单击【确定】按钮，退出对话框。

图 7.19 键槽特征创建结果

图 7.20 创建螺纹孔

（7）创建倒角

单击【特征】工具栏上的【倒斜角】按钮，系统打开【倒斜角】对话框，根据图样要求创
建倒角，建模结果和部件导航器显示如图7.21所示。

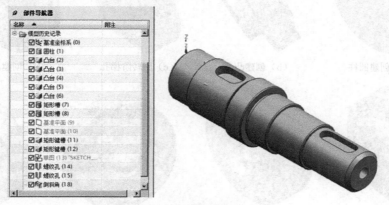

图 7.21 传动轴建模结果

（8）保存并关闭所有文件

7.1.2　端盖模型的创建

创建图 7.22 所示的端盖模型。

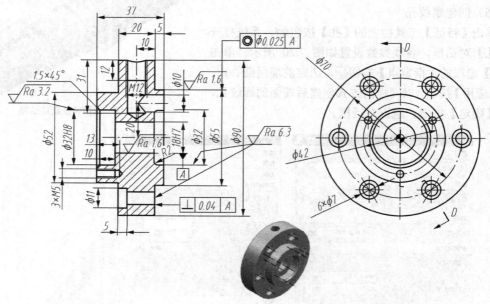

图 7.22　端盖零件图

1．模型分析与建模策略选择

该零件主要由圆柱、阶梯孔、沉头孔、螺纹孔组成，其中各圆柱用【圆柱体】和【凸台】特征创建，阶梯孔用【回转】特征创建、沉头孔和螺纹孔用【孔】特征创建，倒斜角和倒圆角利用【细节特征】创建。建模步骤如图 7.23 所示。

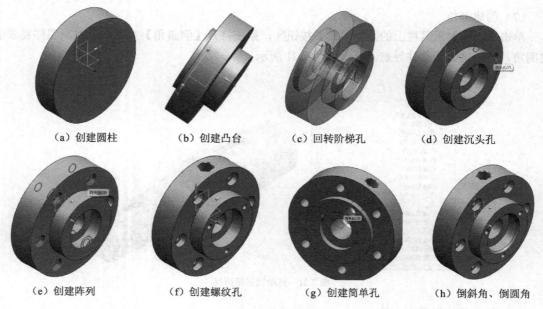

（a）创建圆柱　　　　（b）创建凸台　　　　（c）回转阶梯孔　　　　（d）创建沉头孔

（e）创建阵列　　　　（f）创建螺纹孔　　　　（g）创建简单孔　　　　（h）倒斜角、倒圆角

图 7.23　端盖建模步骤

2．传动轴建模

（1）创建模型文件

启动 UG NX 7.0，新建模型文件"7-2.prt"，设置单位为【毫米】，单击【确定】按钮，进入建模模块。

（2）创建 φ90mm×20mm 的圆柱体

单击【特征】工具栏中的【圆柱体】按钮 ，系统打开【圆柱】对话框，参数设置如图 7.24 所示，选择基准坐标系 CSYS 的 X 轴为圆柱的轴向，坐标系原点为起始中心，单击【确定】按钮。

图 7.24　创建 φ90mm×20mm 圆柱体

（3）创建凸台

单击【特征】工具栏中的【凸台】按钮 ，系统打开【凸台】对话框，设置凸台的【直径】和【高度】参数如图 7.25 所示，并选择已创建的圆柱体前表面。单击【应用】按钮，系统打开【定位】对话框。

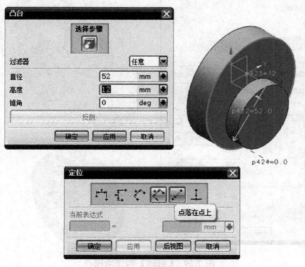

图 7.25　设置凸台参数

在【定位】对话框中选择【点落在点上】按钮 方式，系统提示用户选择目标边，点选目标边，并在弹出的【设置圆弧位置】对话框中选择【圆弧中心】选项，将 φ52mm×12mm 凸台的中心与目标体的中心重合，如图 7.26 所示。

重复上述操作，创建 ϕ55mm×5mm 的凸台，结果如图 7.27 所示。

图 7.26 定位凸台

图 7.27 完成端盖基体的创建

（4）创建阶梯孔

单击【特征】工具栏中的【任务环境中的草图】按钮凸，系统弹出【常见草图】对话框，选择基准坐标系的 *XZ* 平面为草图基准面，创建图 7.28 所示的草图截面。

单击【特征】工具栏中的【回转】按钮，系统打开【回转】对话框，选择阶梯孔截面线，参数设置如图 7.29 所示，选择基准坐标系的 *X* 轴为回转轴，单击【确定】按钮，完成阶梯孔的创建。

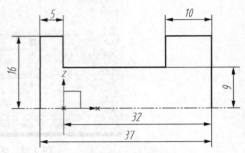

图 7.28 阶梯孔回转截面的创建

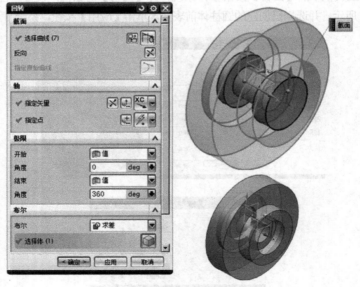

图 7.29 【回转】创建阶梯孔

（5）创建沉头孔

在菜单栏中选择"插入→基准/点→点"，系统打开【点】对话框，在【输出坐标】选项中输入点的坐标，如图 7.30 所示，单击【确定】按钮，完成孔中心基准点的创建。

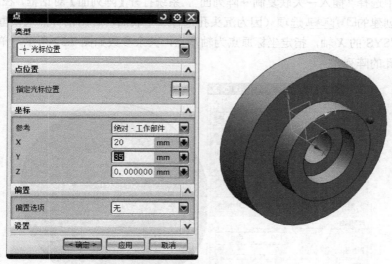

图 7.30　创建沉头孔基准点

单击【特征】工具栏上的【孔】按钮，系统打开【孔】对话框，单击【位置】选项的【指定点】按钮，选择上一步创建的基准点，在【深度限制】下拉列表中选择【直至选定对象】，选择ϕ90mm 圆柱的后端面，其余各项参数设置如图7.31所示，单击【确定】按钮，完成沉头孔的创建。

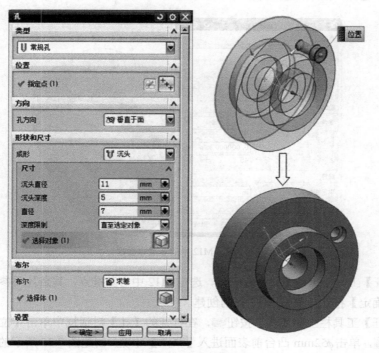

图 7.31　沉头孔的创建

（6）创建沉头孔阵列

在菜单栏中选择"插入→关联复制→阵列面"，系统打开【阵列面】对话框，在【部件导航器】中选择上一步创建的☑️ 沉头孔 选项（因为沉头孔包含 3 个表面，若用鼠标点选模型表面容易造成漏选）。单击 CSYS 的 X 轴，指定坐标原点为轴端点，其余参数如图 7.32 所示，单击【确定】按钮，完成沉头孔的阵列。

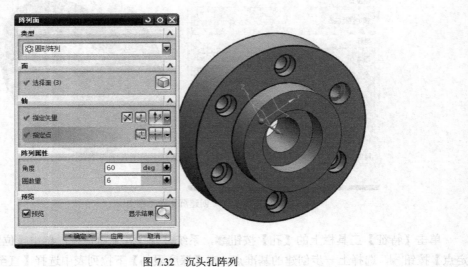

图 7.32　沉头孔阵列

（7）创建 M12 和 3×M5 螺纹孔

在菜单栏中选择"插入→基准/点→点"，创建 M12 的中心基准点，如图 7.33 所示。

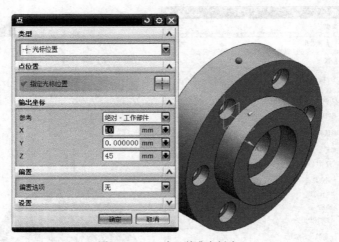

图 7.33　M12 中心基准点创建

单击【特征】工具栏上的【孔】按钮🗨️，选定 M12 中心基准点，其余各项参数设置如图 7.34 所示，单击【确定】按钮，完成 M12 孔的创建。

单击【特征】工具栏上的【孔】按钮🗨️，在打开的【孔】对话框中单击【位置】选项的【绘制截面】按钮🖼️，单击 φ52mm 凸台前表面进入【草图】环境，创建图 7.35 所示的三个内部点（图中点划线是创建点的辅助线）。

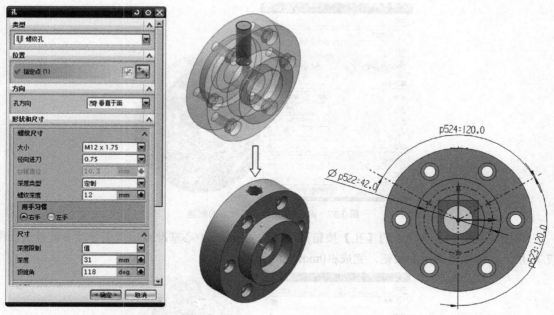

图 7.34 M12 螺纹孔的创建   图 7.35 3×M5 中心基准点的创建

单击【完成草图】按钮 ▓，系统返回【孔】对话框，参数设置如图 7.36 所示，单击【确定】按钮，完成 3×M5 螺纹孔的创建。

图 7.36 3×M5 孔的创建

（8）创建 ⌀10mm 简单孔

在菜单栏中选择"插入→基准/点→点"，创建 ⌀10mm 的中心基准点，如图 7.37 所示。

图 7.37　φ10mm 孔中心基准点的创建

单击【特征】工具栏上的【孔】按钮，选定φ10mm 中心基准点，其余各项参数设置如图 7.38 所示，单击【确定】按钮，完成φ10mm 孔的创建。

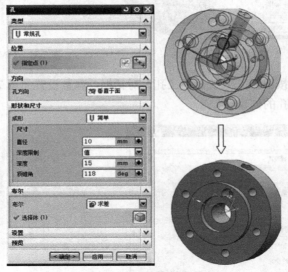

图 7.38　φ10mm 孔的创建

（9）创建倒斜角和倒圆角

单击【特征】工具栏上的【倒斜角】按钮，系统打开【倒斜角】对话框，选择要倒斜角的边，在【距离】选项中输入倒角距离，单击【确定】按钮，完成倒斜角，如图 7.39 所示。

图 7.39　倒斜角的创建

单击【特征】工具栏上的【边倒圆】按钮，系统打开【边倒圆】对话框，选择要倒圆角的边，在【半径】选项中输入圆角半径，单击【确定】按钮，完成倒圆角，如图 7.40 所示。

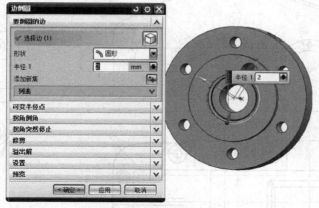

图 7.40　倒圆角的创建

至此完成模型的全部创建，部件导航器和端盖模型如图 7.41 所示。

图 7.41　部件导航器和端盖模型

（10）保存并关闭所有文件

7.2 板壳类零件的建模

7.2.1　减速器箱体模型的创建

创建图 7.42 所示的减速器箱体模型。

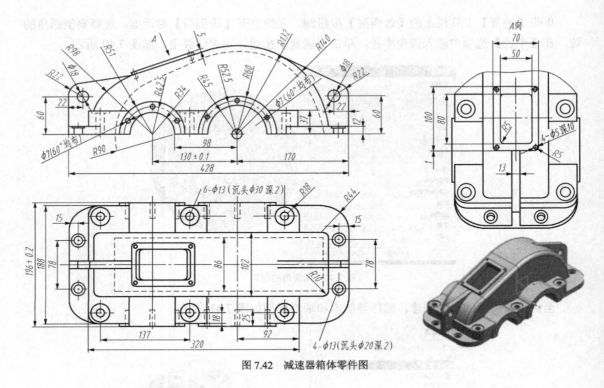

图 7.42　减速器箱体零件图

1．模型分析与建模策略选择

该零件由多个不规则形状的实体组成，是典型的箱体类零件，需要灵活运用扫描特征、体素特征和细节特征来创建模型，建模步骤如图 7.43 所示。

2．减速器箱体建模

（1）创建模型文件

启动 UG NX 7.0，新建模型文件"7-3.prt"，设置单位为【毫米】，单击【确定】按钮，进入建模模块。

（a）创建基体　　　　（b）创建沉头孔、吊装孔和输出轴孔　　　　（c）修剪体

（d）创建内腔　　　　（e）创建观察孔、倒圆角　　　　（f）创建 ϕ5mm 和 ϕ7mm 孔

图 7.43　减速器箱体建模步骤

（2）创建基体

在 CSYS 的 YZ 平面上创建图 7.44 所示的草图截面。

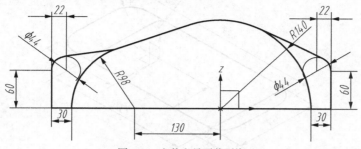

图 7.44 主体和吊耳截面线

单击【特征】工具栏中的【拉伸】按钮，系统打开【拉伸】对话框，选择主体截面线，各项参数设置如图 7.45 所示，单击【应用】按钮。

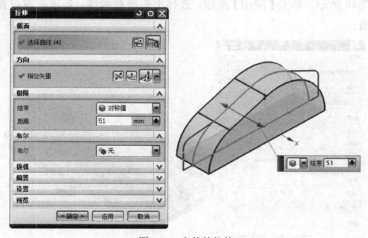

图 7.45 主体的拉伸

选择吊耳截面曲线，各项参数设置如图 7.46 所示，单击【确定】按钮，完成主体和吊耳的创建。

图 7.46 吊耳的拉伸

在 *XY* 平面上创建图 7.47 所示的草图截面。

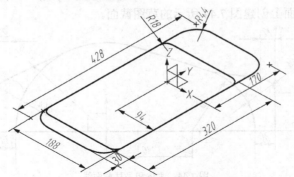

图 7.47 底板截面曲线

单击【特征】工具栏中的【拉伸】按钮█，系统打开【拉伸】对话框，选择矩形截面线，各项参数设置如图 7.48 所示，单击【应用】按钮，选择小矩形截面线，各项参数设置如图 7.49 所示，单击【确定】按钮。

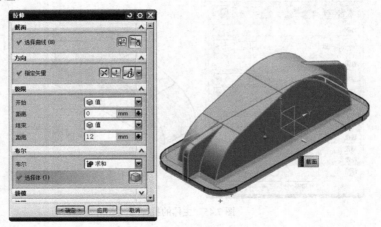

图 7.48 大矩形的拉伸

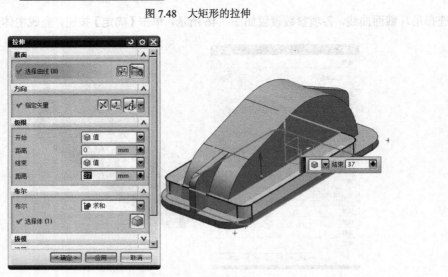

图 7.49 小矩形的拉伸

单击【特征】工具栏中的【凸台】按钮，在主体前端面上创建直径和高度分别为 $\phi120\text{mm}$ ×47mm 和 $\phi102\text{mm}$ ×47mm 的两个凸台，定位方式为【点落在点上】，分别选择 $R140\text{mm}$ 和 $R98\text{mm}$ 的圆弧为定位目标边，用目标边的【圆弧中心】定位凸台，如图 7.50 所示。

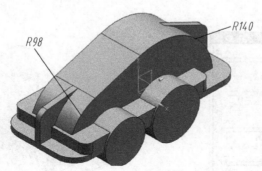

图 7.50　端面凸台的创建

在菜单栏中选择"插入→关联复制→镜像特征"，系统打开【镜像特征】对话框，选择上一步创建的两个凸台特征，【镜像平面】选择基准坐标系 CSYS 的 YZ 平面，单击【确定】按钮，完成凸台特征的镜像，如图 7.51 所示。

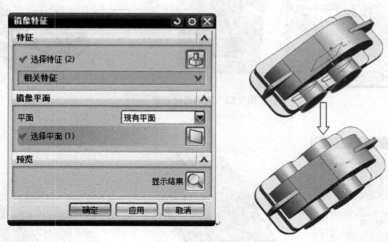

图 7.51　凸台的镜像

（3）创建沉头孔、吊装孔和输出轴孔

单击【特征】工具栏中的【孔】按钮，系统打开【孔】对话框，选择【指定点】按钮，指定小矩形体 $R18\text{mm}$ 圆弧中心为孔的中心点，其余参数如图 7.52 所示，设置【深度限制】为【直至选定对象】选择大底板的底面，单击【应用】按钮。

在【位置】选项组中单击【绘制截面】按钮，选择小矩形体的上表面，进入草图环境，创建图 7.52 所示的孔中心点，单击完成草图按钮，系统返回【孔】对话框，同样选择大矩形体底面为【深度限制】平面，单击【确定】按钮，完成一侧阶梯孔的创建。

在菜单栏中选择"插入→关联复制→镜像特征"，打开【镜像特征】对话框，按住 Ctrl 键在

【部件导航器】中选择上一步创建的阶梯孔，【镜像平面】选择基准坐标系 CSYS 的 YZ 平面，单击【确定】按钮，完成阶梯孔的镜像，如图 7.53 所示。

用类似的方法创建大矩形体上的阶梯孔和吊耳上的吊装孔以及输出轴孔，结果如图 7.54 所示。

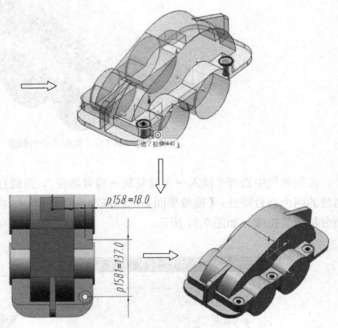

图 7.52 阶梯孔的创建

图 7.53 阶梯孔的镜像

图 7.54 沉头孔、吊装孔和输出轴孔的创建

（4）修剪体

单击【特征】工具栏中的【基准平面】按钮□，系统打开【基准平面】对话框，选择大矩形体底面，参数设置如图 7.55 所示，拖动基准面的角点将其拖到合适的尺寸，单击【确定】按钮，完成修剪工具面的创建。

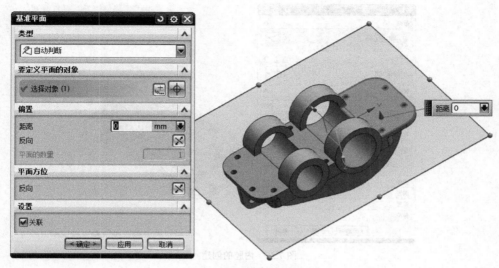

图 7.55 修剪工具面的创建

单击【特征】工具栏中的【修剪体】按钮 ⬚，系统打开【修剪体】对话框，选择实体模型为【目标体】，选择基准平面为【工具体】，单击【确定】按钮，完成体的修剪，如图 7.56 所示。

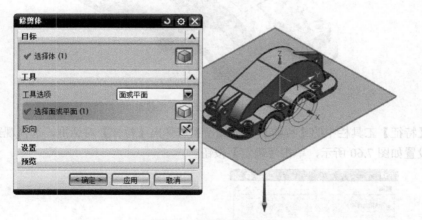

图 7.56 修剪体的创建

（5）创建内腔

在 *YZ* 平面创建图 7.57 所示的草图截面。

单击【特征】工具栏中的【拉伸】按钮 ⬚，系统打开【拉伸】对话框，选择内腔截面线，各项参数设置如图 7.58 所示，单击【确定】按钮，完成内腔的创建。

（6）创建观察孔、倒圆角

在基体的斜顶面上创建观察孔凸台草图截面，如图 7.59 所示。

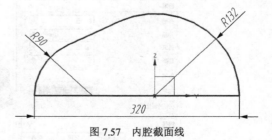

图 7.57 内腔截面线

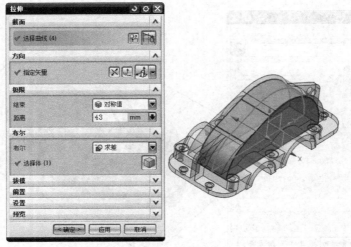

图 7.58　内腔的创建

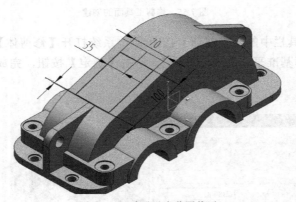

图 7.59　观察孔凸台草图截面

单击【特征】工具栏中的【拉伸】按钮 ，系统弹出【拉伸】对话框，选择观察孔截面线，各项参数设置如图 7.60 所示，单击【确定】按钮。

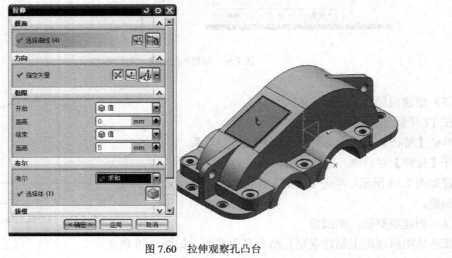

图 7.60　拉伸观察孔凸台

单击【特征】工具栏中的【腔体】按钮，系统打开【腔体】对话框，选择【矩形】选项，系统打开【矩形腔体】对话框，选择观察孔凸台上表面，如图7.61所示。

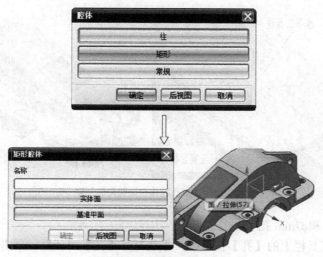

图7.61 矩形腔体放置面选择

系统打开【水平基准】对话框，选择凸台草图截面的长边，系统打开【矩形腔体】对话框，参数设置如图7.62所示，单击【确定】按钮，系统打开【定位】对话框。

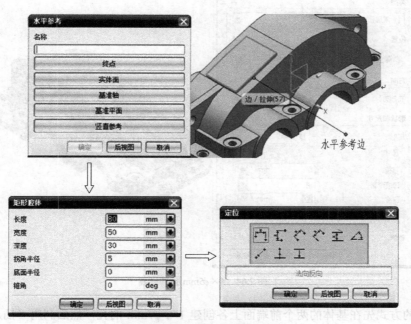

图7.62 选择水平基准及腔体参数

在【定位】对话框中单击【水平尺寸】按钮，选择水平目标边和工具边，并设置距离为50mm。单击【竖直尺寸】按钮，选择竖直目标边和工具边，并设置距离为35mm，单击【确定】按钮，完成观察孔腔体的创建。单击【特征】工具栏中的【边倒圆】按钮█，分别对主体边缘和观察孔凸台边缘创建 R10mm 和 R5mm 的圆角，如图 7.63 所示。

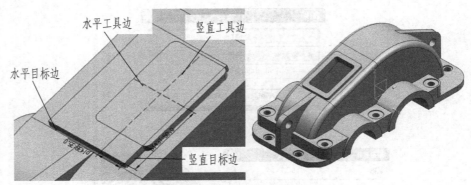

图 7.63　观察孔腔体和倒圆角的创建

（7）创建 ϕ5mm 和 ϕ7mm 孔

单击【特征】工具栏上的【孔】按钮█，系统打开【孔】对话框，单击【位置】选项的【指定点】按钮█，选定观察孔凸台上四个倒圆角的圆心，其余参数如图 7.64 所示。单击【确定】按钮，完成 4×ϕ5mm 的创建。

图 7.64　4×ϕ5mm 孔的创建

以类似的方式先在基体的两个前端面上各创建 1 个 ϕ7mm 的孔，然后利用"插入→关联复制→阵列面"命令完成其他孔的创建，如图 7.65 所示。

利用"插入→关联复制→镜像特征"命令，按住 Ctrl 键在【部件导航器】选择通过【孔】命令和【阵列面】命令创建的 6 个 ϕ7mm 的孔，选择 YZ 平面为镜像平面，完成基体后端面孔的创建，建模结果如图 7.66 所示。

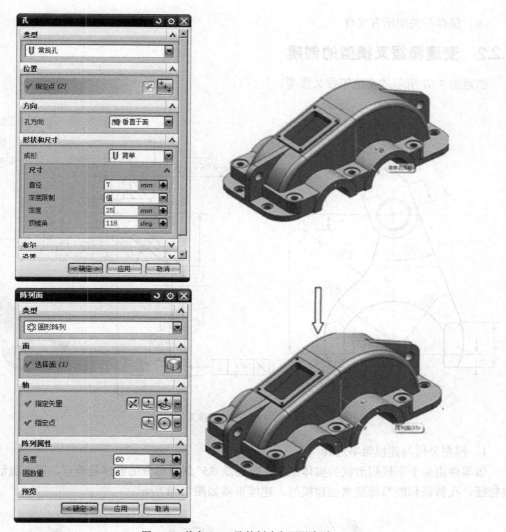

图 7.65 单个 ⌀7mm 孔的创建和环形阵列

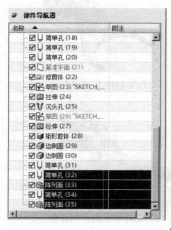

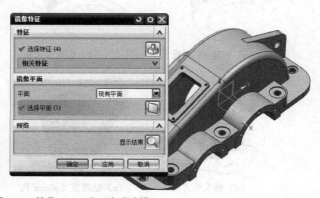

图 7.66 镜像 ⌀7mm 孔、完成建模

（8）保存并关闭所有文件

7.2.2 变速箱拨叉模型的创建

创建图 7.67 所示的变速箱拨叉模型。

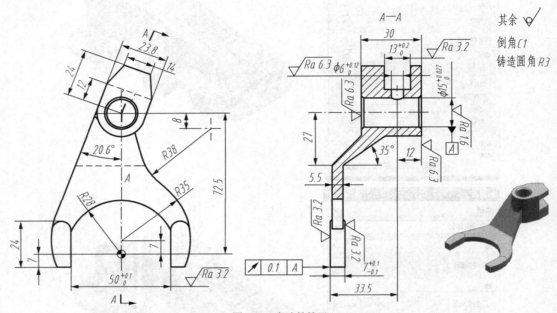

图 7.67 变速箱拨叉

1．模型分析与建模策略选择

该零件由多个不规则形状的实体组成，特别是 35° 斜板部分的创建是难点，需要灵活运用扫描特征、孔特征和细节特征来创建模型，建模步骤如图 7.68 所示。

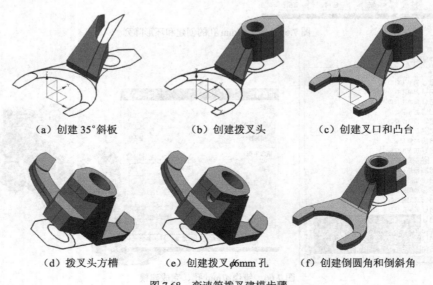

（a）创建 35° 斜板　　　（b）创建拨叉头　　　（c）创建叉口和凸台

（d）拨叉头方槽　　　（e）创建拨叉 φ6mm 孔　　　（f）创建倒圆角和倒斜角

图 7.68 变速箱拨叉建模步骤

2. 变速箱拨叉建模

（1）创建模型文件

启动 UG NX 7.0，新建模型文件"7-4.prt"，设置单位为【毫米】，单击【确定】按钮，进入建模模块。

（2）创建 35° 斜板

利用【草图】特征在 CSYS 的 XY 平面上创建主体草图截面，如图 7.69 所示。

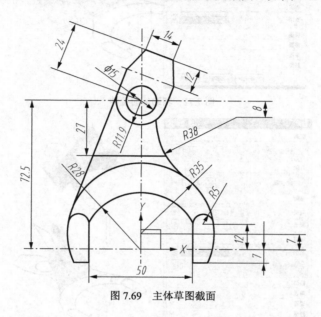

图 7.69　主体草图截面

在 CSYS 的 YZ 平面创建辅助草图截面，如图 7.70 所示。

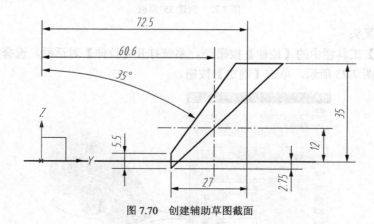

图 7.70　创建辅助草图截面

单击【特征】工具栏中的【拉伸】按钮█，系统打开【拉伸】对话框，选择辅助截面线，各项参数设置如图 7.71 所示，单击【应用】按钮。

选择主体截面线中斜板部分的各线段，各项参数设置如图 7.72 所示，在【布尔】选项组中选择【求交】与辅助体求交，单击【确定】按钮，完成 35° 斜板的创建。

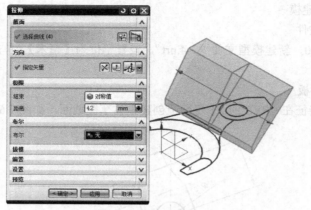

图 7.71　辅助体的拉伸

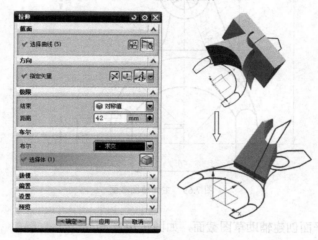

图 7.72　创建 35°斜板

（3）创建拨叉头

单击【特征】工具栏中的【拉伸】按钮，系统打开【拉伸】对话框，选择拨叉头截面线，各项参数设置如图 7.73 所示，单击【确定】按钮。

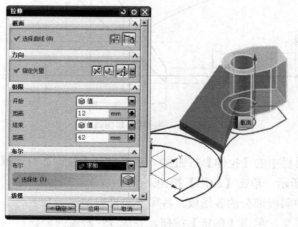

图 7.73　拨叉头的创建

（4）创建叉口和凸台

单击【特征】工具栏中的【拉伸】按钮█，分别对叉口截面线和凸台截面线进行对称拉伸，各项参数的设置和结果如图 7.74 和图 7.75 所示。

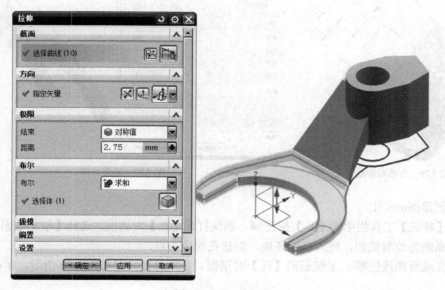

图 7.74　叉口的创建

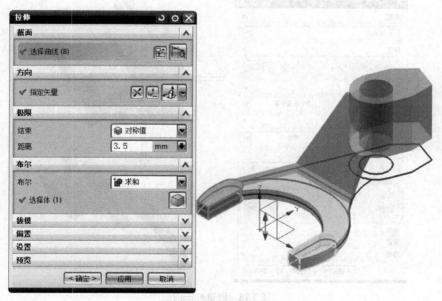

图 7.75　叉口凸台的创建

（5）创建拨叉头方槽

选择拨叉头侧面为方槽截面的创建面，创建图 7.76 所示的方槽截面线，利用【拉伸】命令创建方槽，如图 7.77 所示。

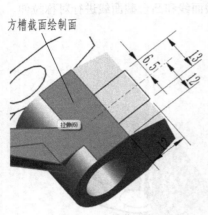

图 7.76 方槽截面线

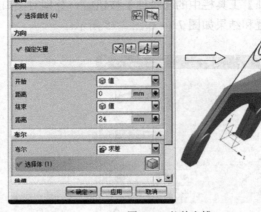

图 7.77 拉伸方槽

（6）创建 ϕ6mm 孔

单击【特征】工具栏中的【孔】按钮，系统打开【孔】对话框，选择【绘制截面】按钮，指定方槽底面为绘制截面，进入草图环境，创建孔的中心点。

单击完成草图按钮，系统返回【孔】对话框，各项参数设置如图 7.78 所示，单击【确定】按钮。

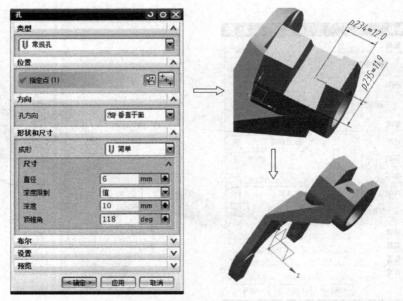

图 7.78 创建 ϕ6mm 孔

（7）创建倒圆角和倒斜角

根据图样要求利用【边倒圆】和【倒斜角】功能完成细节特征的创建，建模结果如图 7.79 所示。

（8）保存并关闭所有文件

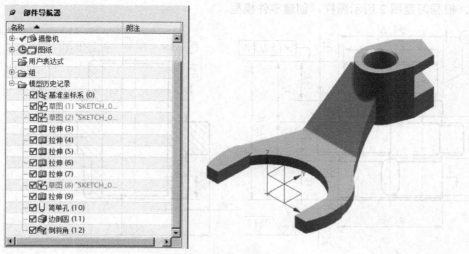

图 7.79 创建细节特征完成建模

7.3 上机练习

1. 根据习题图 1 所示图样，创建零件模型。

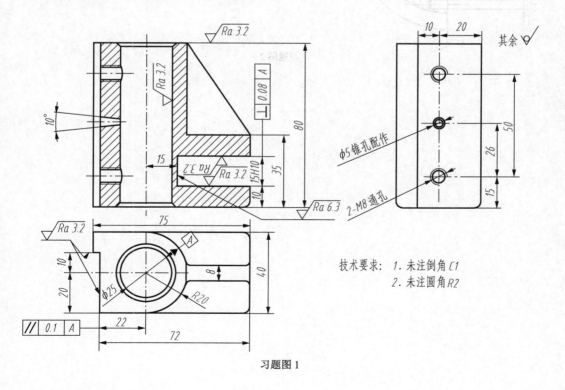

技术要求：1. 未注倒角 C1
2. 未注圆角 R2

习题图 1

2. 根据习题图 2 所示图样，创建零件模型。

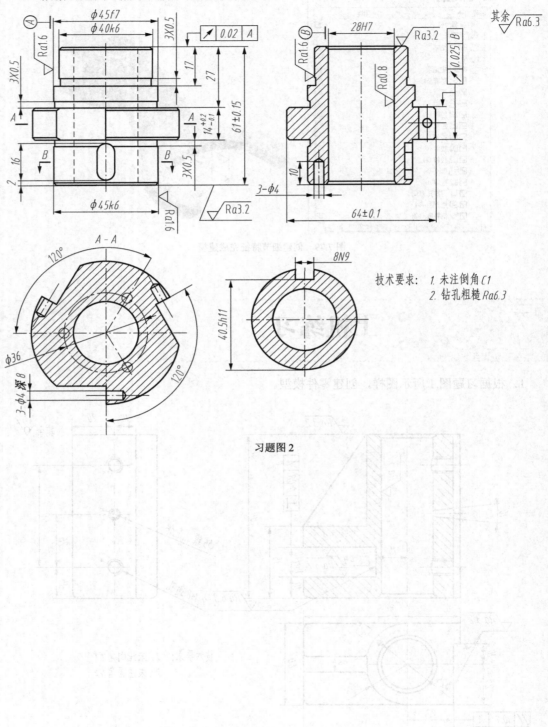

习题图 2

技术要求： 1. 未注倒角 C1
2. 钻孔粗糙 Ra6.3

第8章

装配建模

本章主要介绍 NX 软件中装配模块的特点和应用，在理解常用术语、装配方法，以及装配组件间约束关系的基础上建立部件装配文件。本章重点在于部件的引用、装配约束的添加以及装配部件的编辑与操作。建议安排 8 学时完成本章的学习。

8.1 装配概念

装配过程就是在装配中建立各个零部件之间的链接关系。在装配中，零部件是被指针引用，而不是简单的实体复制，这种虚拟的装配方式有以下优点。

1．装配与组件的关联性

当修改零部件文件时，对应装配体中的零部件也相应做出修改；而当在装配环境下修改零件尺寸时，对应的零部件也发生相应的修改，即共用一个零件的几何数据。

2．装配文件小

对装配的内存需求小，特别是运行复杂装配体时，可以提高运行及更新的速度。

本节主要介绍装配中常用的术语及设置。

8.1.1 装配术语定义

装配引入了一些新术语，其中部分术语定义如下。

1．装配（Assembly）

一个装配是多个零部件或子装配的指针实体的集合。任何一个装配是一个包含组件对象的".prt"文件。

装配是由零件和子装配构成的。在 NX 中采用的是虚拟装配，所以装配实质上是一个指向零件或子装配的指针的集合。各个零件或子装配之间是通过添加约束条件建立彼此的装配关系，如图 8.1 所示。

2．组件部件（Component Part）

组件部件是装配中的组件对象所指向的部件文件，它可以是单个部件也可以是一个由其他组件组成的子装配。

3．子装配（Subassembly）

子装配实质上也是一个装配，只是在更高一级的装配中作为一个组件使用。比如在一个减速器装配体中，包含齿轮、键、套筒、轴承在内的一套轴系零件即是一个子装配。因此，子装配是一个相对概念，当一个装配被更高层次的装配使用时就变成了子装配。

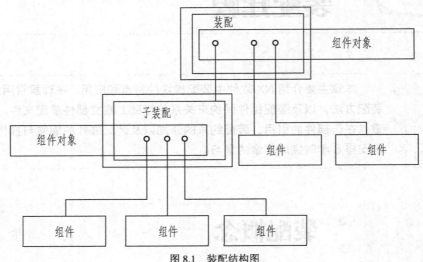

图 8.1 装配结构图

4．组件对象（Component Object）

组件对象是一个从装配或子装配链接到主模型的指针实体。每个装配和子装配都含有若干个组件对象。这些组件对象记录的信息有组件的名称、层、颜色、线型、线宽、引用集、配对条件等。

5．单个零件（Piece Part）

单个零件就是在装配外存在的几何模型，它可以添加到装配中，但单个零件本身不能成为装配件，不能含有下级组件。

6．装配上下文设计（Designing Context）

装配上下文设计是指在装配中参照其他部件对当前工作部件进行设计。用户在没有离开装配模型的情况下，可以方便实现各组件之间的相互切换，并对其作出相应的修改和编辑。

7．工作部件（Work Part）

工件部件是指用户当前进行编辑或建立的几何体部件。它可以是装配件中的任一组件部件。

8．显示部件（Displayed Part）

显示部件是指在当前视图中显示的部件、组件和装配部件。

8.1.2 创建装配体的方法

UG 中有三种创建装配体的方法，即自底向上装配、自顶向下装配和混合装配。

1．自底向上装配（Bottom Up Assembly）

指先创建零部件几何模型，再组合成子装配，最后生成装配体的装配方法。

2．自顶向下装配（Top Down Assembly）

指先创建总装配，然后下移一层，生成子装配和组件，最后创建出单个零部件的过程。

3．混合装配（Mixing Assembly）

混合装配是自底向上和自顶向下装配的结合，往往是先创建了几个主要部件模型，然后装配起来，再在装配环境下创建所需的其他部件。

8.1.3　装配导航器

装配导航器（Assemblies Navigtor）在资源窗口中以"树"形式清楚地显示各部件的装配结构，也称为"树形目录"。单击 UG 图形窗口左侧的【装配导航器】按钮 ，即可打开装配导航器，如图 8.2 所示。利用装配导航器，可快速选择组件并对组件进行操作，如工作部件、显示部件的切换、组件的隐藏与打开等。

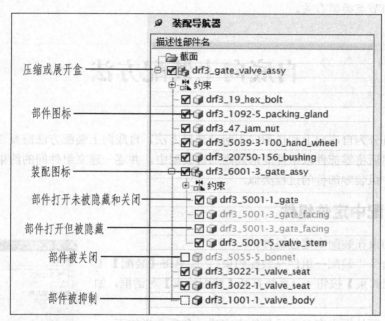

图 8.2　装配导航器

1．节点显示

在装配导航器中，每个部件显示为一个节点，能够清楚地表达装配关系，可以快速与方便地对装配中的组件进行选择和操作。

每个节点包括图标、部件名称、检查盒等组件。如果部件是装配件或子装配件，前面还会有压缩/展开盒，"+"号表示压缩，"−"号表示展开。

2．装配导航器中的图标

图标 表示装配部件（或子装配件）的状态。如果图标是黄色 ，说明装配件在工作部件内。如果图标是灰色 ，说明装配件不在工作部件内。如果图标是灰色虚框 ，说明装配件是关闭的。如果图标是蓝色前面有虚框 ，说明装配件是抑制的。

图标 表示单个零件的状态。如果图标是黄色，说明该零件在工作部件内。如果图标是灰色 ，说明该零件不在工作部件内。如果图标是灰色虚框 ，说明该零件是关闭的。如果图标是蓝色前面有虚框 ，说明零件是抑制的。

3．检查框

每个载入部件前都会有检查框，可用来快速确定部件的工作状态。

如果是☑，即带有红色对号，则说明该节点表示的组件是打开并且没有隐藏和关闭的，如果单击检查框，则会隐藏该组件以及该组件带有的所有子节点，同时检查框都变成灰色。

如果是☑，即带有灰色对号，则说明该节点表示的组件是打开但已经隐藏的。

如果是☐，即不带有对号，则说明该节点表示的组件是关闭的。

如果是☐，即不带有对号，则说明该节点表示的组件是抑制的。

4．替换快捷菜单

如果将鼠标指针移动到一个节点或者选择多个节点，单击鼠标右键，会出现快捷菜单，菜单的形式与选定的节点类型有关。

8.2 自底向上装配方法

装配建模可分为自底向上和自顶向下两种建模方法。自底向上装配方法需要首先设计好装配中的零部件，然后将零部件以组件的形式添加进装配中，并逐一建立组件间的约束关系。这种方法与生产实际中组装零部件的过程类似。

8.2.1 在装配中定位组件

利用装配约束在装配中定位组件。

选择菜单命令"装配→组件→装配约束"，或单击【装配】工具条上的【装配约束】按钮，系统打开【装配约束】对话框，如图 8.3 所示。

在【类型】下拉框中有多重组件约束方式，各项意义如下。

1．接触对齐

【接触对齐】——约束两个面接触或彼此对齐，具体子类型又分为首选接触、接触、对齐和自动判断中心/轴。

【接触】——两个面重合且法线方向相反，如图 8.4 所示。

图 8.3 装配约束类型

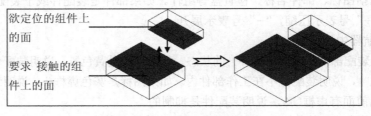

图 8.4 接触约束

【对齐】——两个面重合且法线方向相同，如图 8.5 所示。

另外，【接触对齐】还用于约束两个柱面（或锥面）轴线对齐。具体操作为依次点选两个柱面（或锥面）的轴线，如图 8.6 所示。

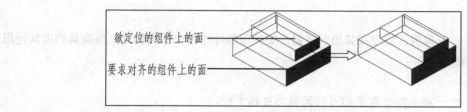

图 8.5 对齐约束

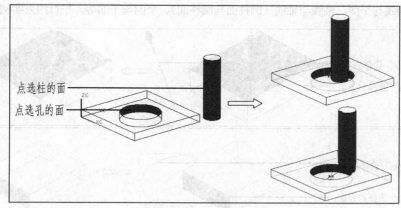

图 8.6 约束轴线对齐

【自动判断中心/轴】——指定在选择圆柱面或圆锥面时，NX 将使用面的中心或轴而不是面本身作为约束，如图 8.7 所示。

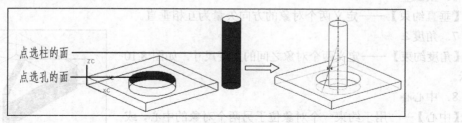

图 8.7 自动判断中心/轴

2．同心◎

【同心约束】——约束两个组件的圆形边界或椭圆边界，以使中心重合，并使边界的面共面，如图 8.8 所示。

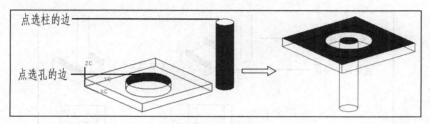

图 8.8 同心约束

3．距离

【距离约束】——指定两个对象之间的最小 3D 距离。

4．固定 ⊡

【固定约束】——将组件固定在其当前位置。要确保组件停留在适当位置且根据其约束其他组件时，此约束很有用。

5．平行 ⫽

【平行约束】——定义两个对象的方向矢量为互相平行。

平行约束用于使两个欲配对对象的方向矢量相互平行。可以平行配对操作的对象组合有直线与直线、直线与平面、轴线与平面、轴线与轴线（圆柱面与圆柱面）、平面与平面等，平行约束实例如图 8.9 所示。

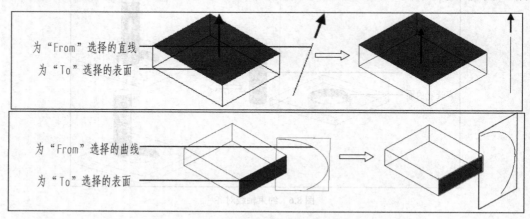

为"From"选择的直线
为"To"选择的表面

为"From"选择的曲线
为"To"选择的表面

图 8.9　平行约束实例

6．垂直 ⊥

【垂直约束】——定义两个对象的方向矢量为互相垂直。

7．角度 ⦟

【角度约束】——定义两个对象之间的角度尺寸，如图 8.10 所示。

8．中心 ⫴

【中心】——用于约束一个对象位于另两个对象的中心，或使两个对象的中心对准另两个对象的中心，因此又分为三种子类型：1 对 2、2 对 1 和 2 对 2。

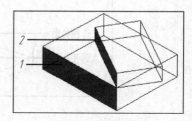

图 8.10　角度约束

【1 对 2】——用于约束一个对象定位到另两个对象的对称中心上。如图 8.11 所示，欲将圆柱定位到槽的中心，可以依次点选柱面的轴线、槽的两侧面，以实现 1 对 2 的中心约束。

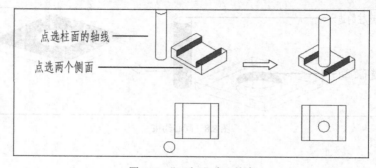

点选柱面的轴线
点选两个侧面

图 8.11　"1 对 2"中心约束

【2 对 1】——用于约束两个对象的中心对准另一个对象，与"1 对 2"的用法类似，所不同的是，点选对象的次序为先点选需要对准中心的两个对象，再点选另一个对象。

【2 对 2】——用于约束两个对象的中心对准另两个对象的中心。如图 8.12 所示，欲将块的中心对准槽的中心，可以依次点选块的两侧面和槽的两侧面，以实现 2 对 2 的中心约束。

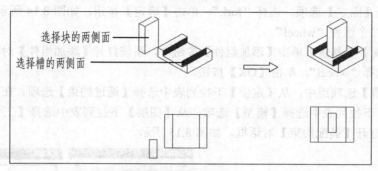

选择块的两侧面

选择槽的两侧面

图 8.12　"2 对 2"中心约束

9．胶合🔲

【胶合】——用于焊接件之间，胶合在一起的组件可以作为一个刚体移动。

10．拟合 ＝

【拟合】——用于约束两个具有相等半径的圆柱面合在一起，比如约束定位销或螺钉到孔中。值得注意的是，如果之后半径变成不相等，那么此约束将失效。

8.2.2　创建自底向上装配

【例 8.1】　利用装配模板建立一新装配，添加组件，建立约束，如图 8.13 所示。

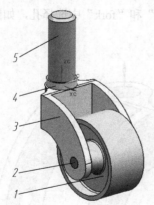

5	shaft	1
4	Spacer	1
3	Fork	1
2	Axle	1
1	Wheel	1
编号	零件名称	数量

图 8.13　自底向上设计装配组件

1．新建装配文件

启动 UGNX 8.0，新建装配文件"caster.prt"。

2．添加第一个组件"fork"

① 单击【装配】工具条上的【添加组件】按钮，系统打开【添加组件】对话框，单击【打开】按钮，选择"fork"，单击【OK】按钮。

② 在【位置】选项组中，从【定位】下拉列表中选择【绝对原点】选项。在【设置】选项组中，从【引用集】下拉列表中选择【模型】选项，从【图层】下拉列表中选择【工作】选项，单击【确定】按钮。

③ 在【装配】工具条上单击【装配约束】按钮，打开【装配约束】对话框，在【类型】下拉列表中选择【固定】选项，选择"fork"，单击【确定】按钮，如图 8.14 所示。

3．添加第二个组件"wheel"

① 在【装配】工具条上单击【添加组件】按钮，系统打开【添加组件】对话框，单击【打开】按钮，选择"wheel"，单击【OK】按钮。

② 在【位置】选项组中，从【定位】下拉列表中选择【通过约束】选项。在【设置】选项组中的【引用集】下拉列表中选择【模型】选项，从【图层】下拉列表中选择【工作】选项，单击【应用】按钮，打开【装配约束】对话框，如图 8.15 所示。

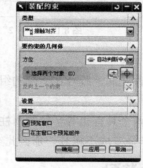
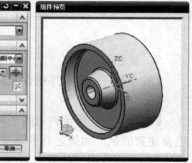

图 8.14 【固定】约束"fork"　　　　　　　图 8.15 【装配约束】对话框与【组件预览】

③ 在【类型】下拉列表中选择【接触对齐】选项，在【要约束的几何体】选项组的【方位】下拉列表中选择【自动判断中心/轴】选项，在"wheel"和"fork"中选择孔，如图 8.16 所示，单击【应用】按钮。

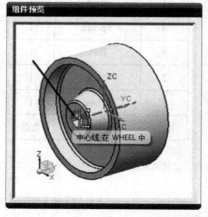
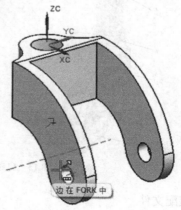

图 8.16　添加【自动判断中心/轴】约束

④ 在【类型】下拉列表中选择【中心】选项，在【要约束的几何体】选项组的【子类型】下拉列表中选择【2 对 2】选项，在"wheel"上选择两侧面，在"fork"上选择两侧面，如图 8.17 所示，单击【应用】按钮。

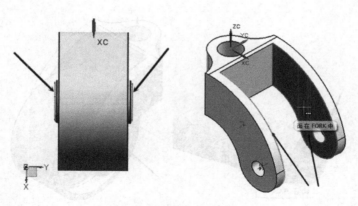

图 8.17　添加【中心】约束

4．添加第三个组件"axle"

① 将"axle"引用集替换为【整个部件】。

② 在【装配】工具条上单击【添加组件】按钮，系统打开【添加组件】对话框，单击【打开】按钮，选择"axle"，单击【OK】按钮。在【位置】选项组中的【定位】下拉列表中选择【通过约束】选项。在【设置】选项组中的【引用集】下拉列表中选择【模型】选项，从【图层】下拉列表中选择【工作】选项，单击【应用】按钮，打开【装配约束】对话框。

③ 在【类型】下拉列表中选择【接触对齐】选项，在【要约束的几何体】选项组中的【方位】下拉列表中选择【自动判断中心/轴】选项，在"fork"和"axle"上选择中心线，如图 8.18 所示，单击【应用】按钮。

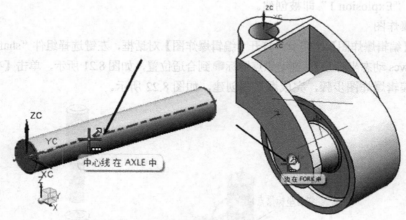

图 8.18　添加【自动判断中心/轴】约束

④ 在【类型】下拉列表中选择【接触对齐】选项，在【要约束的几何体】选项组中的【方位】下拉列表中选择【首选接触】选项，在"axle"的端面和"fork"侧面，单击【应用】按钮，如图 8.19 所示。

5．添加其他组件

① 添加"shaft"和"spacer"，如图 8.20 所示。

② 完成约束。

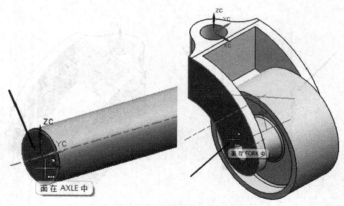

图 8.19 添加【接触对齐】约束

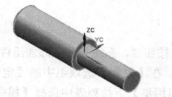 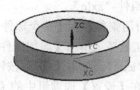

图 8.20 添加 "shaft" 和 "spacer"

6．创建爆炸图

单击【装配】工具栏上的【创建爆炸图】按钮，系统打开【创建爆炸图】对话框，在【名称】文本框中取默认的爆炸图名称 "Explosion 1"，用户也可自定义其爆炸图名称，单击【确定】按钮，爆炸图 "Explosion 1" 即被创建。

7．编辑爆炸图

① 单击【编辑爆炸图】按钮，打开【编辑爆炸图】对话框，左键选择组件 "shaft"，单击鼠标中键，出现【wcs 动态坐标系】，拖动原点图标到合适位置，如图 8.21 所示，单击【确定】按钮。

② 重复编辑爆炸图步骤，完成爆炸图创建，如图 8.22 所示。

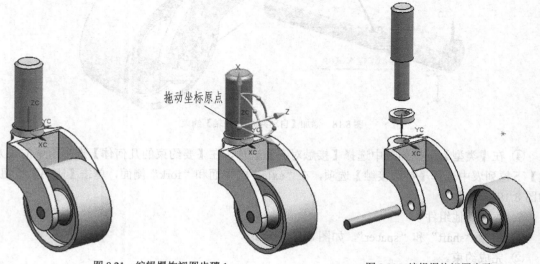

图 8.21 编辑爆炸视图步骤 1　　　　　　　　　图 8.22 编辑爆炸视图步骤 2

8. 隐藏爆炸图

选择菜单命令"装配→爆炸图→隐藏爆炸图",则爆炸效果不显示,模型恢复到装配模式。选择"装配→爆炸图→显示爆炸图",则显示组件的爆炸状态。

8.2.3 装配加载选项

在装配中,装配加载选项(Load Option)是设置系统从何处加载以及如何加载部件。选择"文件→选项→装配加载选项",系统打开【装配加载选项】对话框,如图 8.23 所示。

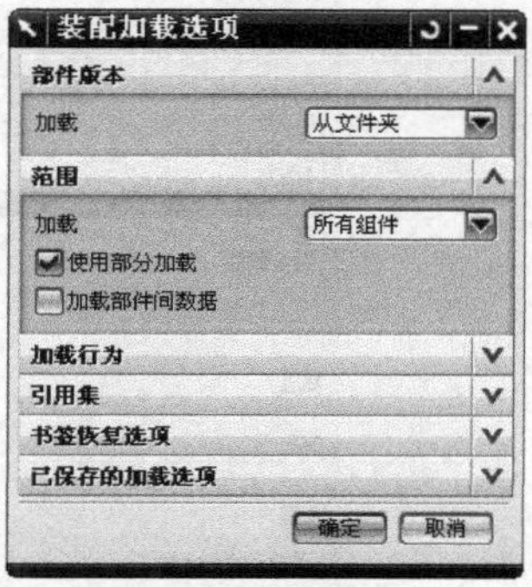

1.加载

【部件版本】——下拉列表中,指明了系统从何处加载部件。

【从文件夹】——系统默认设置,即在与装配文件相同目录中查找每个组件。这也是将装配文件路径设为与组件存放路径一致的原因,防止下次打开装配时部件加载失败。

【按照保存的】——在装配文件最后保存关闭时的目录中查找每个组件。

【从搜索文件夹】——由用户制定系统查找每个组件的路径。

2.加载范围

【部分加载】——指在装配中加载组件的部分数据,这样做可以

图 8.23 装配加载选项

节省系统的内存。然而,当使用"部件间引用"(属 UG 的高级应用)时,可以编辑由部分加载组件引用的表达式,但只有在部件全部加载时,所做的修改才能反映到该组件。

3.加载行为

① 在装配中当一个组件需要被另一个完全不同的组件代替时,需要预先设置"允许替换"选项为 ON。

② NX 若找不到要加载的部件,选中"失败时取消加载"即取消加载操作。

8.3 引用集

8.3.1 引用集的概念

组件对象是指向零部件的指针实体,其包含内容由引用集来决定。每个组件除了包含几何实体,还可能包括草图、基准、片体、曲面等其他辅助要素。在装配中如果要显示所有部件的所有数据,必定会占用较大内存,影响更新速度。因此在装配过程中,采用引用集来控制各组件载入装配的数据量,从而简化了装配文件大小,提高了运行效率。

所谓引用集,其实是每个零部件所有对象要素的一个子集。系统默认的引用集有两个:

【完整引用集】——该引用集包含了部件的所有几何数据。

【空集】——该引用集不包含部件的任何数据。如果部件以空集形式添加到装配中,则装配中不会显示该部件,因此对于不需要显示的装配组件使用空集可提高运行速度。

这两个引用集是不可修改或删除的。另外,对同一个部件可以建立多个引用集,其包含的部

件信息一般都少于完整引用集。

8.3.2 创建新的引用集

【例 8.2】 为图 8.24 所示的部件文件创建新的引用集。

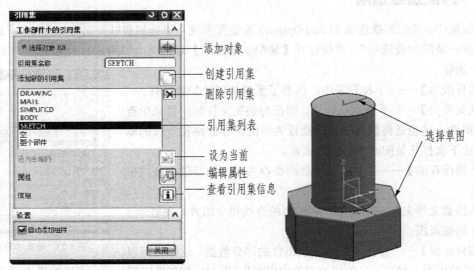

添加对象
创建引用集
删除引用集
引用集列表
设为当前
编辑属性
查看引用集信息

选择草图

图 8.24 【引用集】对话框

1．打开文件

在 UG NX Sample 文件夹中打开"cha8\bolt.prt"。

2．创建新的引用集

① 选择菜单命令"格式→引用集"，系统打开【引用集】对话框。

② 单击【创建引用集】按钮，在【引用集名称】文本框中输入"SKETCH"。

③ 激活【选择对象】，在图形区选择两个草图，如图 8.24 所示。

注意引用集的名称长度不超过 30 个字符。

3．查看当前部件中已经建立的引用集的有关信息

单击【信息】按钮，系统打开【信息】窗口，如图 8.25 所示，列出引用集的相关信息。

4．删除引用集

在引用集列表框中选中要删除的引用集，单击【删除】按钮即可。

5．引用集的使用

在建立装配中，添加已存组件时，会有【引用集】下拉选项，如图 8.26 所示，用户所建立的引用集与系统默认的引用集都在此列表框中出现。用户可根据需要选择引用集。

6．替换引用集

① 在装配导航器中，还可以在不同的引用集之间切换，在选定的组件部件上，右击鼠标从快

图 8.25 【信息】窗口

捷菜单中选择【替换引用集】命令，如图 8.27 所示。

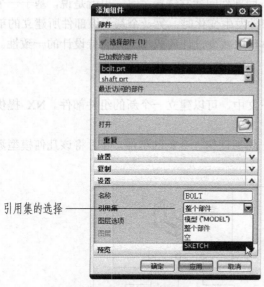

图 8.26 添加已存组件

图 8.27 替换引用集

② 图 8.28 所示为替换引用集前后效果的比较。

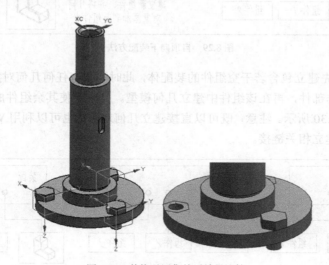

图 8.28 替换引用集前后效果比较

8.4 装配上下文设计与 WAVE 技术

　　装配上下文设计是指在装配环境中创建一个部件时，可以基于其他部件的几何体来定义本部件几何体的过程。自顶向下装配方法就是在装配上下文设计中建立新的组件部件的方法，并且这种方法更加体现了装配建模中的参数关联性和部件间的关联性。要实现这种关联性建模，就用到 NX 中的 WAVE 技术。利用 WAVE 技术可以在不同部件间建立链接关系，也就是说，基于一个部件的几何体或位置去设计另一个部件。当一个部件发生变化时，另一个基于该部件所建立的部件也会相应发生变化。用这种方法建立关联几何体可以减少设计的成本，并保持设计的一致性。

8.4.1　自顶向下装配方法

自顶向下（Top-down）装配是指在装配上下文中，可以建立一个新的组件部件。NX 提供的自顶向下装配方法主要有两种。

【方法一】——首先在装配中建立几何模型，然后创建一个新的组件，同时将该几何模型添加到该组件中去，如图 8.29 所示。

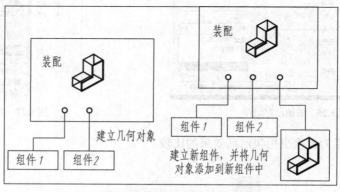

图 8.29　自顶向下装配方法一

【方法二】——先建立包含若干空组件的装配体，此时不含有任何几何对象。然后，选定其中一个组件为当前工作部件，再在该组件中建立几何模型。并依次使其余组件成为工作部件，并建立几何模型，如图 8.30 所示。注意，既可以直接建立几何对象，也可以利用 WAVE 技术引用显示部件中的几何对象建立相关链接。

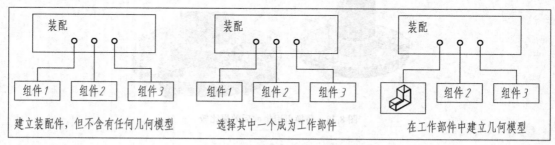

图 8.30　自顶向下装配方法二

8.4.2　WAVE 几何链接技术

在上下文关联设计中，主要应用的是自顶向下设计方法。当显示部件是装配体，而工作部件是其中一个组件时，可以利用 WAVE 链接技术建立从其他部件到工作部件的几何关联性。利用这种关联，在对工作部件的几何对象进行建立几何体时，可以引用其他部件中的几何对象到工作部件中，然后采用一定建模手段生成几何体。这样可以提高设计效率，还可以保证部件之间的相关性、同步性，利于进行参数化设计。

1．WAVE 几何链接器

在一个装配内，可以使用 WAVE 中的 WAVE Geometry Linker（WAVE 几何链接器）从一个部件相关复制几何对象到另一个部件中。在部件之间相关地复制几何对象后，即使包含了链接对象的部件文件没有被打开，这些几何对象也可以被建模操作引用。几何对象可以向上链接、向下链接或者跨装配链接，而且并不要求被链接的对象一定存在。

单击【装配】工具条上的【WAVE 几何链接器】按钮，打开【WAVE 几何链接器】对话框，如图 8.31 所示。

（1）链接几何对象类型

主要包括以下类型。

【复合曲线】——从装配件中另一部件链接一曲线或边缘到工作部件。

【点十】——链接在装配中另一部件中建立的点或直线到工作部件中。

【基准】——从装配件中另一部件链接一基准特征到工作部件。

【面】——从装配件中另一部件链接一个或者多个表面到工作部件。

【面区域】——在同一配件中部件之间链接区域。

【体】——链接整个体到工作部件。

【镜像体】——类似整个体，除去为链接选择的体通过一已存在平面被镜像。

【管线布置对象】——从装配件中另一部件链接一个或者多个走线对象到工作部件。

（2）时间标记设置

【关联】——链接几何对象的时间标记。不选择该选项，则在原几何对象上后续产生的特征将不会反映到链接几何对象上。否则，原几何对象上后续产生的特征将会在链接几何对象上反映出来。

2．编辑几何链接

选择菜单命令"编辑→特征→编辑参数"，可选择几何链接特征，或在模型导航器中选中链接特征，系统打开【WAVE 几何链接器】对话框，如图 8.32 所示。

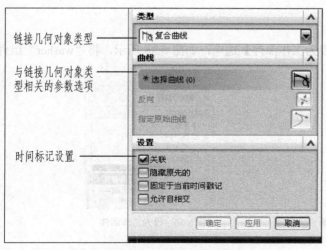

图 8.31 【WAVE 几何链接器】对话框

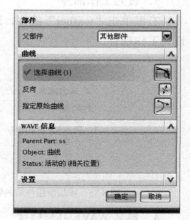

图 8.32 编辑链接对话框

8.4.3　创建自顶向下装配

【例 8.3】　　根据已存在的箱体相关地建立一个垫片，如图 8.33 所示，要求：垫片（1）来自于端盖中的父面（2），若箱体中父面的大小或形状改变时，装配（4）中的垫片（3）也相应改变。

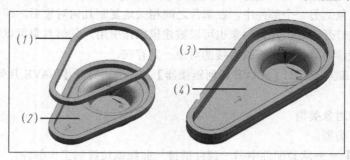

图 8.33　WAVE 技术实例

1．打开文件

在 UG NX Sample 文件夹中打开 "cha8\Wave_ Assembly.prt"，如图 8.34 所示。

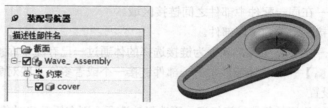

图 8.34　打开文件

2．添加新组件

选择菜单命令 "装配→组件→新建组件"，系统打开【新建组件文件】对话框，在【模板】选项卡中选择【模型】，在【名称】文本框中输入 "washer.prt"，在【文件夹】中选择保存路径，单击【确定】按钮，打开【类选择】对话框，不做任何操作，连续单击【确定】按钮，展开【装配导航器】，如图 8.35 所示。

3．设为工作部件

右键单击 "washer" 组件，选择【设为工作部件】选项，如图 8.36 所示，将 "washer" 组件设为工作部件。

图 8.35　添加新组件后的装配导航器

图 8.36　设为工作部件

4．建立 WAVE 几何链接

单击【WAVE 几何连链器】按钮，打开【WAVE 几何连链器】对话框，在【类型】组下拉列表中选择【面】选项，选择模型的上表面，单击【确定】按钮，创建"链接的面（1）"。单击【部件导航器】，展开【模型历史记录】特征树，可以看到已创建的 WAVE 链接面"链接的面（1）"，如图 8.37 所示。

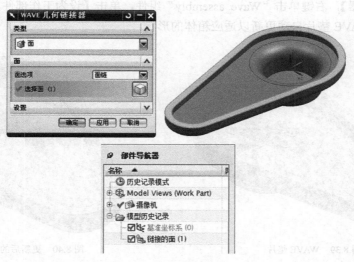

图 8.37　WAVE 面

5．建立 WAVE 垫圈

单击【开始】按钮，选择【建模】选项，启动【建模】模块，单击【特征】工具栏上的【拉伸】按钮，打开【拉伸】对话框，在选择工具条中单击【选择规则】下拉列表，选中【片体边缘】选项。

选择已创建的 WAVE 链接面"链接的面（1）"，在【终点】下拉菜单中均选择【值】选项，在【距离】文本框中输入 5mm，如果拉伸方向指向基座内部，则单击【方向】组中的【反向】按钮，如图 8.38 所示，单击【确定】按钮，创建垫片。

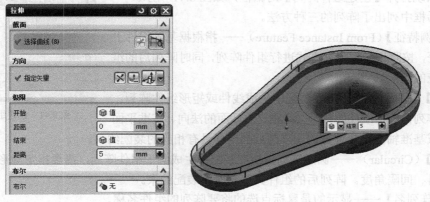

图 8.38　WAVE 垫片

6．保存文件

展开【装配导航器】，右键单击"Wave_assembly"组件，单击【设为工作部件】选项，如

图 8.39 所示，选择"文件→保存"命令，保存文件。

　　7．修改箱体

　　展开【装配导航器】，右键单击"cover"组件，单击【设为工作部件】选项，更改箱体形状，展开【装配导航器】，右键单击"Wave_assembly"组件，单击【设为工作部件】选项，如图 8.40 所示，创建的 WAVE 垫片自动更新以适应箱体的形状。

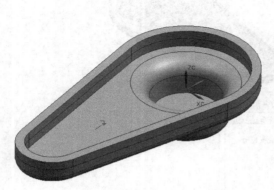

图 8.39　WAVE 垫片

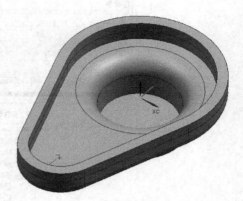

图 8.40　更新后的 WAVE 垫片

8.5　创建组件阵列与镜像装配

　　装配中的组件阵列（Component Array）是在装配中利用对应关联条件，快速生成有规律的多个相同装配组件的方法。

　　选择菜单命令"装配→组件→创建阵列"，打开【类选择】对话框，用鼠标点选要阵列的组件，然后系统打开【创建组件阵列】对话框，如图 8.41 所示。

　　在对话框中列出了阵列的三种方法。

　　【从实例特征】（From Instance Feature）——指根据基础组件上的阵列特征，按照相同的阵列方式进行组件阵列，同时阵列后的组件具有相应的装配约束。

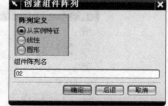

图 8.41　创建组件阵列

　　【线性】（Linear）——指在装配中生成线性或矩形组件阵列，需要指定阵列方向、组件的数目、间距。通过面的法向、基准平面法向、边或基准轴指定线性方向。阵列后的组件具有相应的装配约束。

　　【圆形】（Circular）——圆形阵列是指在装配中生成圆形组件阵列，需要指定圆形阵列轴线、组件的数目、间隔角度。阵列后的组件具有相应的装配约束。

　　【组件阵列名】——显示的是鼠标点选的将要阵列的组件名称。

　　【例 8.4】　根据法兰上孔的阵列特征创建螺栓的组件阵列与镜像，如图 8.42 所示。

　　1．打开文件

　　在 UG NX Sample 文件夹中打开"cha8\array_Assembly.prt"。

图 8.42　创建组件阵列与镜像装配

2. 从实例特征

① 选择菜单命令"装配→组件→创建阵列"，系统打开【类选择】对话框，选择螺栓，如图 8.43 所示，单击【确定】按钮。

图 8.43　选择螺栓作为模板组件

② 系统随即打开【创建组件阵列】对话框，在【阵列定义】组中选中【从实例特征】单选按钮，【组件阵列名】取默认设置，用户也可自定义阵列名称，如图 8.44 所示，单击【确定】按钮。

图 8.44　【创建组件阵列】对话框

③ 完成实例特征阵列，如图 8.45 所示。

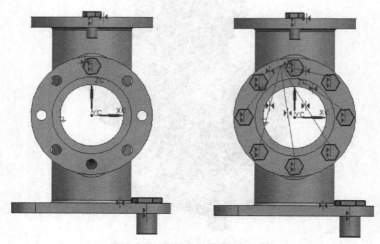

图 8.45 实例特征阵列

【从实例特征】主要用于添加螺钉、螺栓以及垫片等组件到孔特征中去，需要强调的是，添加第一个组件时，定位条件必须选择【通过约束】，并且孔特征中除源孔特征外，其余孔必需是使用阵列命令创建的，在此例中，第一个螺栓作为模板组件，阵列出的螺栓共享模板螺栓的配合属性。

3．线性阵列

① 选择菜单命令"装配→组件→创建阵列"，系统打开【类选择】对话框，选择螺栓，如图 8.46 所示，单击【确定】按钮。

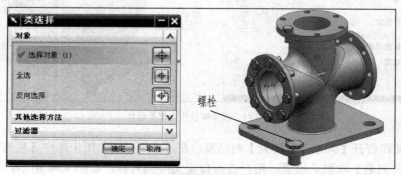

图 8.46 选择螺钉作为阵列源

② 在【创建组件阵列】对话框中的【阵列定义】选项组中选中【线性】单选按钮，【组件阵列名】取默认设置，用户也可自定义阵列名称，单击【确定】按钮，如图 8.47 所示。

③ 系统随即打开【创建线性阵列】对话框，选中【面的法向】单选按钮，选择基座右端面，该面法向即为阵列 X 方向，此时 X 方向阵列的参数设置文本框被激活，在【总数.XC】框中输入 2，在【偏置.XC】框中输入−310，如图 8.48 所示。

图 8.47 【创建组件阵列】对话框

图 8.48 指定线性阵列方向和参数

④ 选中【边】单选按钮，选择基座右端面的一条边，该边所指方向即为阵列 Y 方向，此时 Y 方向阵列的参数设置文本框被激活，在【总数.YC】框中输入 2，在【偏置.YC】框中输入 210，如图 8.49 所示。

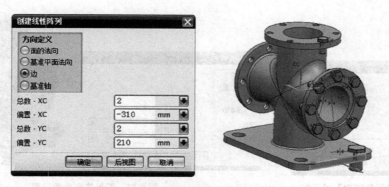

图 8.49 选择右侧端面边线作为 Y 轴方向

⑤ 单击【确定】按钮，完成组件线性阵列，如图 8.50 所示。

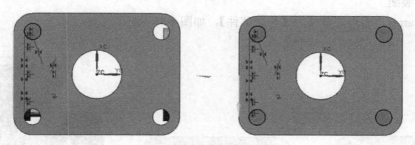

图 8.50 线性阵列

4．圆形阵列

① 选择菜单命令"装配→组件→创建阵列"，系统打开【类选择】对话框，选择螺栓，如图 8.51 所示，单击【确定】按钮。

② 出现【创建组件阵列】对话框，在【阵列定义】选项组中选中【圆形】单选按钮，【组件阵列名】取默认设置，如图 8.52 所示，单击【确定】按钮。

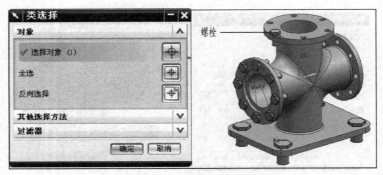

图 8.51 选择螺钉作为阵列源

③ 系统打开【创建阵列】对话框，选中【圆柱面】单选按钮，选择法兰圆柱面，圆形阵列的参数设置文本框被激活，在【总数】文本框中输入 4，在【角度】文本框中输入 90，如图 8.53 所示。

图 8.52 【创建组件阵列】对话框

图 8.53 圆形阵列参数设置

④ 单击【确定】按钮，完成组件圆形阵列，如图 8.54 所示。

5．镜像装配

① 将"array"引用集替换为【整个部件】，如图 8.55 所示。

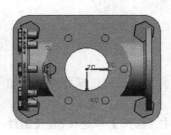

图 8.54 圆形阵列

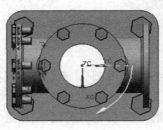

图 8.55 引用集替换为【整个部件】

② 单击【镜像装配】按钮 ，系统打开【镜像装配向导】对话框，如图8.56所示。

图8.56 【镜像装配向导】对话框

③ 单击【下一步】按钮，进入"选择镜像组件向导"，选择要镜像组件"bolt_20"，如图8.57所示。

图8.57 选择镜像组件向导

④ 单击【下一步】按钮，进入"选择镜像基准面向导"，选择【镜像基准面】，如图8.58所示。

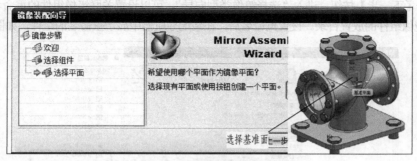

图8.58 选择镜像基准面向导

⑤ 单击【下一步】按钮，进入"选择镜像类型向导"，在选项框中选择所有的组件，单击【关联镜像】按钮，其选定组件的副本均置于平面的另一侧，该操作将创建对应的新组件，如图8.59所示。

图 8.59 选择【关联镜像】向导

⑥ 单击【下一步】按钮，进入"选择镜像类型向导"，可以选择组件使关联镜像变为非关联镜像，如图 8.60 所示。

图 8.60 选择关联镜像类型向导

⑦ 单击【下一步】按钮，进入"选择镜像类型向导"，可以设置关联镜像组件的重命名方式，还可以设置关联镜像组件的放置目录。设置重命名后，在装配导航器中显示重命名的组件，如图 8.61 所示。

图 8.61 关联镜像的组件设置

⑧ 单击【完成】按钮，完成创建镜像组件操作，并关闭【镜像装配向导】，如图 8.62 所示。

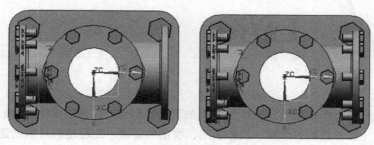

图 8.62 完成创建镜像组件

6. 关闭并保存所有部件

8.6 上机练习

1. 利用装配模板自底向上设计装配组件建立一新装配，添加组件，建立约束，如习题图 1 所示。

5	pin_clamp	1
4	nut_clamp	1
3	lug_clamp	1
2	cap_clamp	1
1	clamp_base	1
编号	零件名称	数量

习题图 1 自底向上设计装配组件

2. 根据已存箱体相关地建立一个垫片，如习题图 2 所示，要求垫片（1）来自于箱体中的父面（2），若箱体中父面的大小或形状改变时，装配（4）中的垫片（3）也相应改变。

3. 根据法兰上孔的阵列特征创建螺栓的组件阵列与镜像装配，如习题图 3 所示。

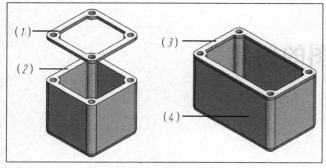

习题图 2 WAVE 技术实例

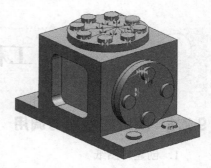

习题图 3 创建组件阵列

第9章　工程图

本章主要介绍基于 NX 的工程图创建，包括工程图参数的预设置、基本视图的添加、投影视图、视图的管理、工程图标注的创建。本章学习的重点是根据表达意图灵活运用工程图中的各种工具创建三维实体的工程图，建议安排 8 学时完成本章的学习。

9.1　工程图概述

工程图是将产品从概念设计到实际产品成型的一座桥梁和描述语言，在产品设计完成后，通过工程图可将设计者的设计意图传达给后续的生产环节，从而生产出符合设计要求的产品，所以工程图模块在模型设计到生产的过程中起着至关重要的作用。

使用 UG NX 8.0 的制图模块生成工程图的基本步骤如下。

① 设定图纸：包括对图纸的尺寸、绘图比例和投影方式等参数进行设置。

② 设置首选项：根据用户需要对制图模块的绘图环境进行设置。

③ 添加基本视图：添加主视图、俯视图和左视图等基本视图。

④ 添加其他视图：根据需要添加投影视图、局部放大视图和剖视图等。

⑤ 视图布局：包括视图移动、复制、对齐、删除和定义视图边界等。

⑥ 视图编辑：包括添加曲线、擦除曲线、修改剖视符号、自定义剖面线等。

⑦ 插入制图符号：包括插入各种中心线、偏置点和交叉符号等。

⑧ 图纸标注：包括对图纸的尺寸、公差、表面粗糙度和文字注释进行标注，以及建立明细栏和标题栏等信息。

⑨ 输出图纸：通过打印机、绘图仪等输出设备将生成的工程图纸输出。

9.2　工程图的创建

9.2.1　图纸的创建与调用

1．创建新图纸

在标准工具栏中选择"开始→制图"命令，进入制图环境，系统将自动打开图 9.1 所示的【图

纸页】对话框供用户创建新图纸，用户可以在制图环境下选择"插入→图纸页"命令或单击【图纸】工具栏上的【新建图纸页】按钮，打开该对话框。在当前模型文件内新建一张或多张指定名称、尺寸、比例和投影方式的图纸页，系统主要提供以下三种创建新图纸的方法：

图9.1 【图纸页】对话框

（1）使用模板

该功能通过调用 NX 中现有图纸模板来新建图纸，这些模板可以是系统默认的，也可以是用户自定义的。

（2）标准尺寸

该功能用于通过标准的图纸尺寸来新建图纸，该对话框中主要参数意义如下。

【大小】——用于选择标准尺寸的图纸，包括 A0、A1、A2、A3、A4 五种。

【比例】——用于绘图比例，表示图纸中的长度:实际长度，系统默认为 1:1，用户可以直接在文本框中对比例进行修改，也可以在以后使用编辑当前图纸命令来修改。

【名称】——用于输入新建图纸的名称，系统默认为 SHT1、SHT2…，用户也可以自己输入图纸名称，但输入字符最多不超过 30 个，且不能含有空格，系统对输入的字母不区分大小写。

【单位】——用于设置图纸的度量单位，包括毫米和英寸两种。

【投影】——用于设置图纸的投影视角，根据所使用的绘图标准不同，系统提供了两种投影方式供选择。对于中国标准，常用第一象限角度投影方式；对于美国标准，常用第三象限角度投影方式。

（3）定制尺寸

该功能通过用户分别在高度和长度文本框中输入数值来自定义图纸的尺寸。

2．打开已存图纸

单击【图纸】工具栏上的【打开图纸页】按钮，系统打开图 9.2 所示的【打开图纸】对话框，选择需要打开的图纸即可，如果在部件中有多张图纸，用户可以通过设置过滤器来过滤图纸页清单以加快选择，当打开一个图纸时，原先打开的图纸将自动关闭。

3．编辑已存图纸

该功能用于对已存在图纸的名称、图幅大小、图幅比例、绘图单位或投影角度等参数进行编辑，选择"编辑→图纸"命令或单击【图纸】工具栏上的【编辑图纸页】按钮，系统打开图 9.3 所示的【编辑图纸页】对话框，在该对话框中选取需要修改的图纸后，对其相应参数进行修改后单击【确定】按钮即可。

当前工作图的显示内容会影响有些编辑选项是否可用，主要包括以下情况。

① 只有当前被修改的图纸页上不存在投影视图时，才可以改变投影角。

② 用户可以把图纸页的尺寸变得更大或更小，用户甚至可以把图的尺寸编辑得很小以至于一个视图的一部分落在图纸页边界的外面，但是，如果用户把图纸页的尺寸编辑得太小以至于部分视图完全落在图边界的外面时，系统将提示出错。

③ 如果用户需要把图纸页尺寸变得更小，但是由于视图的当前位置而无法改变时，用户应该

先把视图移动到靠近图纸页原点的地方，即图纸页的左下方。

图 9.2 【打开图纸页】对话框

图 9.3 【编辑图纸页】对话框

4．删除已存图纸

该功能用于删除已存在的图纸页，但该命令不能删除当前工作图纸，选择"编辑→删除"命令，系统打开【删除图纸页】对话框，在该对话框中选取需要删除的图纸，单击【确定】按钮后，系统自动打开一信息窗口提示用户是否确定此操作，在该窗口中单击【确定】按钮即可将所选图纸删除。一旦用户删除了图纸，图纸上的视图以及任何与视图相关联的制图对象将同时被删除。如果用户需将当前工作图纸删除的话，可以通过选择【显示视图】选项，用模型显示替代图显示，然后执行删除命令。

9.2.2 基本视图

基本视图常作为父视图被用来当作参考，一个新添加的视图（子视图）就参考父视图进行投影、对齐和定位，一个父视图可以是输入视图、正交视图、截面视图、轴侧视图或局部放大视图。

选择"插入→视图→基本视图"命令，或单击【图纸】工具栏上的【基本视图】按钮🖼，系统打开图 9.4 所示的【基本视图】对话框，该对话框中主要参数意义如下。

1．部件

该功能用于选择需进行生成视图操作的部件。

2．视图原点

该功能用于设置创建视图的基本视图，之后创建的投射视图是此处创建的视图的基础上建立起来的，用户可以通过定义【放置】选项下的【方法】来定义鼠标在视图区域里是【沿水平】、【垂直】和【自动判断】的移动方法。

图 9.4 【基本视图】对话框

3．模型视图

该功能用于定义所创建的基本视图为何种模型视图类型，包括主视图、俯视图、左视图、右视图、后视图、仰视图、正等侧视图和正二侧视图等八种视图。

4．比例

该功能用于定义视图比例，这个比例可以不同于在图纸页生成时设置的原始图幅比例，这一比例将影响后续生成的正交或轴侧投射视图。另外用户还可以通过表达式来定义视图的比例，即表达式的值。

9.2.3 投影视图

投影视图是指基于已经存在的父视图沿某一方向投影得到的视图。当在图纸上输入第一个视图后，系统将自动打开【投影视图】对话框，如图9.5所示。为了生成一个正交视图，用户必须先指定一个父视图，再把光标移到父视图附近的正交视图走廊带中的某个位置。用户也可以在一打开的图纸中通过选择"插入→视图→投影视图"命令或单击【图纸】工具栏上的【投影视图】按钮，系统打开【投影视图】对话框。

在【投影视图】对话框中，单击【选择视图】按钮后，在图纸中选择一视图作为投影视图的父视图，系统默认将主视图作为父视图。确定父视图后，投影链接线、投影方向和投影视图立即显示了出来，将光标移动到某个位置后即可自动生成投影视图，也可以通过在【放置】选项下的【方法】选项进行设置以便精确定位投影视图。

图9.5 【投影视图】对话框

创建图9.6所示的基本视图与投影视图，其操作过程如下。

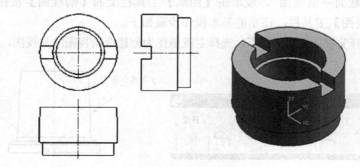

图9.6 零件的基本视图

① 进入建模环境打开零件模型，如图9.6所示。

② 选择"开始→制图"命令，进入【制图】环境。

③ 选择"插入→图纸页"命令，系统弹出【图纸页】对话框，在【图纸页】对话框中选择图纸的大小 A3 和比例为 5:1，并在基本视图对话框其余参数采用系统默认设置。

④ 将鼠标移至图形区中的合适位置，单击并放置主视图，如图9.7所示。

⑤ 在系统弹出的【投影视图】对话框下，将移动鼠标到父视图的正下方位置单击鼠标放置俯视图，如图9.8所示。

⑥ 移动鼠标指针到父视图的正右方的位置，单击放置左视图即可得到图9.6所示的图形。

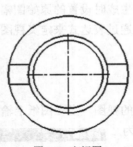

图 9.7　主视图

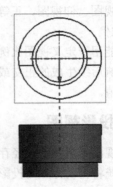

图 9.8　俯视图

9.2.4　剖视图

剖视图描绘了一个物体被切去一部分之后所展示的内部结构。剖视图与在视图中的剖切线剖的位置以及投影方向相关联，剖切线的位置或投影方向一旦发生改变，便会引起剖视图的重建，以反映出各自所做的更改。当从图纸上移去一个剖视图时，剖视图的相关性也会被删除。从图纸上删除一个剖视图，也将引起父视图中的剖切线符号以及剖切线的位置被删除。

当剖切线位置与投影方向被定位于实体模型的特征上时，它们就与这些特征相关联，那么当实体模型更改后，它们也将会被自动更新。

1．添加全剖视图

全剖视图是使用单一的剖切平面在部件的某一位置分割一个部件所得到的视图。选择菜单命令"插入→视图→截面→剖视图"，或单击【图纸】工具栏上的【剖视图】按钮，系统打开图 9.9 所示的【剖视图】工具栏，该功能基本操作步骤如下。

① 在系统"选择父视图"的提示下，选择主视图作为创建全剖视图的父视图，如图 9.10 所示。

图 9.9　【剖视图】对话框

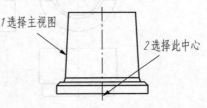

图 9.10　定义剖视图对象

② 单击【捕捉方式】工具条中的⊙按钮，选取图 9.10 所示的底部圆，系统自动捕捉圆心位置。在系统"指示图纸页上剖视图的中心"的提示下，在主视图的正右方单击放置剖视图，然后按 Esc 键结束，完成剖视图的创建，结果如图 9.11 所示。

2．添加折叠剖视图

阶梯剖视图类似于全剖视图，所不同的地方是，阶梯剖利用不在同一平面上的若干个剖切平面的组合对零件的内部结构进行表达，通过指定多个剖切段实现折叠剖切。选择菜单命令"插入→视图→截面→折叠剖"，或单击【图纸】工具栏上的【折叠剖】按钮 ，系统打开【折叠剖】工具栏，如图 9.12 所示，其基本操作步骤如下。

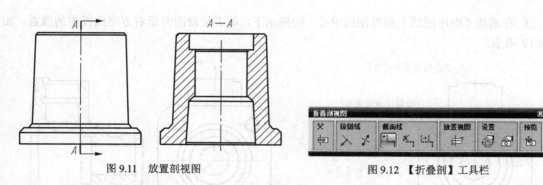

图 9.11 放置剖视图

图 9.12 【折叠剖】工具栏

① 在系统"选择父视图"的提示下，选择图 9.13 所示的视图作为创建剖视图的父视图。

② 单击【捕捉方式】工具条中的⊙按钮，选取图 9.13 所示的圆 1，系统自动捕捉圆心位置作为剖切位置。

③ 单击【截面线】选项组中的【添加段】按钮，然后选取图 9.13 所示的圆 2，系统自动捕捉圆心位置。

④ 单击【折叠剖视图】对话框中的【放置视图】按钮，在父视图的正下方单击放置剖视图，然后按 Esc 键结束，完成剖视图的创建，结果如图 9.14 所示。

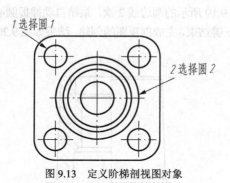

图 9.13 定义阶梯剖视图对象

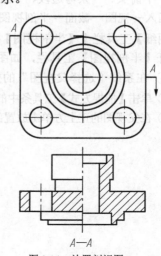

图 9.14 放置剖视图

3．添加旋转剖视图

旋转剖视图是通过绕一轴旋转剖切，其剖切线可以是一条或两条剖切线折线，且每条折线沿单个箭头段方向可能包括多个剖切段及弯边段，其剖切线的折线相当于一个共有的旋转点，这个旋转点确定了剖切视图的旋转轴。选择"插入→视图→旋转剖视图"命令，或单击【图纸】工具栏上的【旋转剖视图】按钮，系统打开【旋转剖视图】工具栏，如图 9.15 所示，其基本操作步骤如下。

图 9.15 【旋转剖】对话框

① 在系统"选择父视图"的提示下，选择图 9.16 所示的俯视图作为创建旋转剖视图的父视图。

② 单击【捕捉方式】工具条中的⊙按钮，选取图 9.16 所示的圆弧边线 1 定义为旋转中心，选取圆弧边线 2 定义为第一个剖切位置，选取圆弧边线 3 定义为第二个剖切位置。

③ 在系统"指出图纸上剖视图的中心"的提示下,单击父视图的正右方完成视图的放置,如图 9.17 所示。

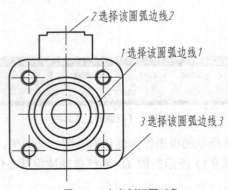

图 9.16 定义剖视图对象

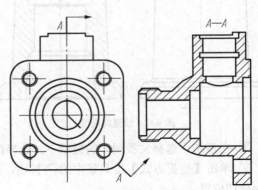

图 9.17 旋转剖视图

4. 添加半剖视图

半剖视图指一半剖一半不剖,用于一半视图表达外部轮廓、一半视图表达内部结构,剖切线仅有一个箭头、一条弯边段、一条剖切段。选择"插入→视图→截面→半剖视图"命令或单击【图纸】工具栏上【半剖视图】按钮,系统打开【半剖视图】工具栏,如图 9.18 所示。

图 9.18 【半剖视图】对话框

① 在系统"选择父视图"的提示下,选择图 9.19 所示的视图作为创建剖视图的父视图。

② 单击【捕捉方式】工具条中的按钮,选取图 9.19 所示的圆边线 2 次,系统自动捕捉圆心位置。

③ 在父视图的正上方单击放置剖视图,然后按 Esc 键结束,完成剖视图的创建,结果如图 9.20 所示。

图 9.19 定义剖视图对象

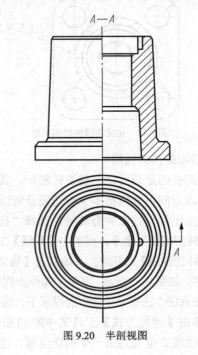

图 9.20 半剖视图

5．局部放大图

局部放大图是将现有视图的某个部位单独放大，并建立一个新的视图，以便显示零件结构和便于标注尺寸。选择"插入→视图→局部放大图"命令，或单击【图纸】工具栏上【局部放大图】按钮，系统打开【局部放大图】对话框，如图9.21所示。

下面以图9.22所示为例，说明创建局部放大图的一般操作方法。

图 9.21 【局部放大图】对话框

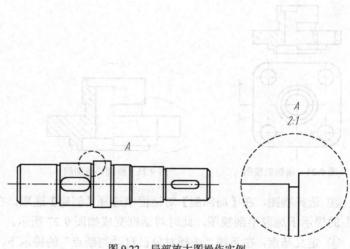

图 9.22 局部放大图操作实例

① 选择边界类型，在【类型】下拉列表中选择【圆形】选项。

② 在图纸上单击图9.23所示的位置1指定圆边界的中心点，单击位置2指定边界点，绘制图9.23所示的圆作为放大范围。

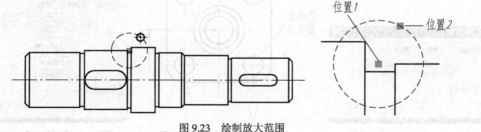

图 9.23 绘制放大范围

③ 在【局部放大图】对话框【父项上的标签】区域的标签下拉列表中选择【标签】选项，定义父视图上的标签。

④ 在图纸的合适位置单击以放置视图，所得结果如图9.22所示。

6．局部剖视图

局部剖视图是通过移除零件某个局部区域的材料来查看内部结构视图的表达形式，创建时需要提前绘制封闭或开放的曲线来定义要剖开的区域。下面以图9.24所示为例，说明创建局部剖视图的一般操作方法。

①　在半剖视图的边界上单击鼠标右键，在系统弹出的快捷菜单中选择 活动草图视图(A) 命令，此时将激活半剖视图为草图视图。单击【草图工具】工具栏中的【艺术样条】按钮 ，系统弹出【艺术样条】对话框，选择【通过点】类型，绘制图 9.25 所示的样条曲线，单击对话框中的【确定】按钮。单击【草图工具】工具条中的【完成草图】按钮 完成草图 ，完成草图的绘制。

②　选择"插入→视图→截面→局部剖"命令（或单击【图纸】工具条中的 按钮），系统弹出如图9.26所示的【局部剖】对话框。

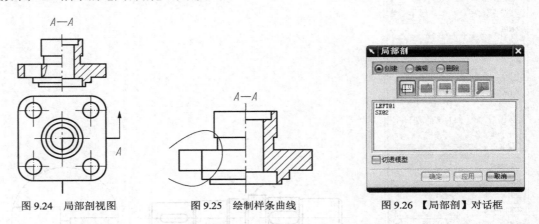

图 9.24　局部剖视图　　　　图 9.25　绘制样条曲线　　　　图 9.26　【局部剖】对话框

③　选择视图，在【局部剖】对话框中选择【创建】选项，在系统"选择一个生成局部剖的视图"的提示下选取半剖视图，此时对话框变成如图9.27所示。

④　定义基点，在系统"选择对象已自动判断点"的提示下，单击【捕捉方式】工具条中的⊙按钮，选取图9.25所示的圆弧边线，此时对话框变成如图9.29所示。

⑤　定义拉伸的矢量方向，接受系统默认的拉伸方向，如图9.28所示，单击鼠标中键确认。

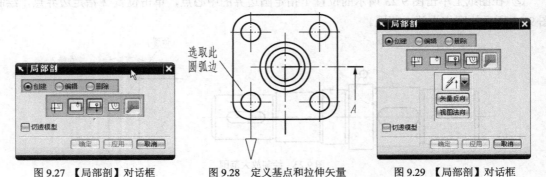

图 9.27　【局部剖】对话框　　　图 9.28　定义基点和拉伸矢量　　　图 9.29　【局部剖】对话框

⑥　选择剖切线，单击【局部剖】对话框中的【选择曲线】按钮 ，选择前面绘制的样条曲线作为剖切线，单击鼠标中键确认，此时对话框变成图9.30所示，在半剖视图中的曲线自动封闭且出现边界点，如图9.31所示。

⑦　单击【应用】按钮，再单击【取消】按钮，完成局部剖视图的创建。

图 9.30 【局部剖】对话框

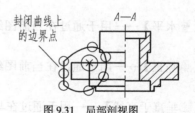

封闭曲线上
的边界点

图 9.31 局部剖视图

9.3 视图的编辑

9.3.1 移动/复制视图

任何视图都可以通过移动和复制命令改变它在图纸中的位置或生成多个同样的视图，而通过移动和复制视图命令还可在当前图或同一文件下的另一张图纸页上复制现有视图。当复制视图时，视图的注释（尺寸、标记等）将连同所有视图相关编辑都被复制到新的视图中。

当多个视图被复制后，复制视图将保持原视图中所有的父视图与子视图的关系，例如，复制一个剖切视图和它的父视图，则剖切线符号也会被复制到新的父视图，并且复制剖视图成为那个新视图的子体视图。但如果分别复制其中的单个视图时，这些视图间将不再存在父子视图关系，例如，单独复制一个局部视图所产生的剖切视图，以及单独复制一个带有剖切线的视图，则复制视图中不会存在剖切线。

选择"编辑→视图→移动/复制视图"命令，或单击【图纸】工具栏上的【移动/复制视图】按钮，系统自动打开图 9.32 所示的【移动/复制视图】对话框，系统默认进行的是移动视图操作。该对话框中提供了以下几种移动/复制视图的方式。

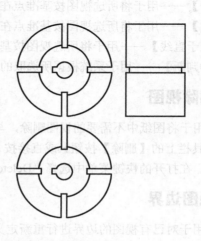

图 9.32 【移动/复制视图】对话框与复制视图操作实例

【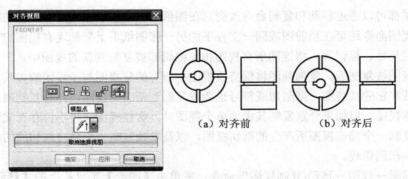至一点】——用于通过在当前图纸边界内任意位置指定一点，将所选视图移动或复制到该点。

【水平】——用于通过在当前图纸边界内水平方向上指定一点，将所选视图移动或复制到该点。

【竖直】——用于通过在当前图纸边界内垂直方向上指定一点，将所选视图移动或复制到该点。

【垂直于直线】——用于通过在与当前图纸边界内所指定的直线的垂直线方向上指定一点，将所选视图移动或复制到该点。

【至另一图纸】——用于将当前图纸内所选视图移动或复制到同一文件下的另一张图纸上。

9.3.2　对齐视图

该功能用于对齐图纸内的现有视图，选择"编辑→视图→对齐"命令或单击【图纸】工具栏上的【对齐视图】按钮，系统自动打开图 9.33 所示的【对齐视图】对话框，该对话框中提供了以下几种对齐视图的方式。

图 9.33　【对齐视图】对话框及操作实例

【叠加】——用于将所选视图按基准点重合的方式对齐。

【水平】——用于将所选视图按基准点在水平方向上对齐的方式对齐。

【竖直】——用于将所选视图按基准点在垂直方向上对齐的方式对齐。

【垂直于直线】——用于将所选视图按基准点在垂直于所选直线方向上对齐的方式对齐。

【自动判断】——用于系统根据所选取的基准点的类型不同，采用自动判断方式对齐视图。

9.3.3　删除视图

该功能用于将图纸中不需要的视图删除，与删除其他对象的操作一样，选中需要删除的对象后，单击工具栏上的【删除】按钮×或直接按"Delete"键，也可以在选择需要删除的视图后单击鼠标右键，在打开的快键菜单中选择"Delete"命令。

9.3.4　视图边界

该功能用于对已有视图的边界进行重新定义，选择菜单命令"编辑→视图→视图边界"或单击【图纸】工具栏上的【视图边界】按钮，系统打开【视图边界】对话框，如图 9.34 所示。该对话框中提供了以下定义边界的方法。

1. 断裂线/局部放大图

该方式用于通过一系列在成员视图内生成的线框曲线来定义边界，并依照所选曲线形成视图的边界形状，当编辑或移动这些曲线时，视图边界会根据曲线新的位置进行自动更新。

2. 手动生成矩形

该方式指用户通过拖动两个对角点生成的矩形来自定义视图边界的大小，它可以用来改变现有局部视图的大小或者用来隐藏投射视图中不需要的部分。但是，一旦视图的边界改为手动定义矩形，边界将不再具有相关性，并且不会随部件模型的变化而自动更新。

3. 自动生成矩形

该方式为系统默认选项，是添加视图、正交视图、辅助视图或剖切视图的系统默认边界，它与部件的几何外框相关，当外框变化时，视图的边界将自动调整以容纳整个部件，这个选项可以用于恢复边界和部件几何外框之间的相关性。

图 9.34 【视图边界】对话框

4. 由对象定义边界

该方式指通过选择一个单独的边缘或模型上的边缘和点的组合，通过这些对象创建一个矩形作为视图的边界，该边界与所选择的物体相关，并且当它们改变大小或移动位置时，边界也会随之调整，当视图更新后，它们在视图内依然可见。另外也可以通过选择一系列模型的边缘线来定义视图边界，这个边界与所选的边缘线相关，因此当部件的几何形状发生变化时，视图边界也将会随之自动更新。

以图 9.35 所示的视图为例，其定义矩形边界的操作步骤如图 9.36 所示。

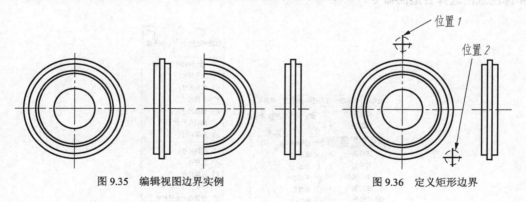

图 9.35 编辑视图边界实例   图 9.36 定义矩形边界

9.3.5 显示与更新视图

当用户需对生成的二维视图作修改时，对某些细节不太确定需查看三维模型时，可以通过"视图→显示图纸页"命令来进行二维工程图与三维模型间的切换。

更新视图功能用于当模型发生改变需对其进行更新时，选择"编辑→视图→更新"命令，或单击【图纸】工具栏上的【更新视图】按钮，系统将打开图 9.37 所示的【更新视图】对话框，在该对话框中选择需要进行更新的视图，单击【确定】按钮即可。

图 9.37　【更新视图】对话框

9.4 工程图的标注和符号

9.4.1 尺寸标注

在尺寸的创建过程中，常采用点定位的方式来创建标注尺寸，不同的尺寸类型被用于定义不同的对象属性，如对半径或直径尺寸进行标注时，需选择圆弧，当创建角度尺寸标注时，需选择两条非平行的直线或线性对象。选择菜单命令"插入→尺寸"，或单击【尺寸】工具栏上的【自动判断尺寸】后边的下拉按钮，将显示图 9.38 所示的【尺寸】下拉菜单。用户可根据视图对象的特征和标注意图选择合适的命令。

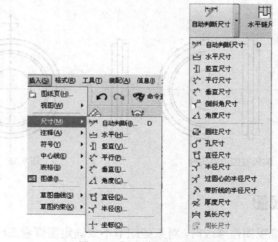

图 9.38　【尺寸标注】下拉菜单

9.4.2 表面粗糙度标注

选择菜单命令"插入→注释→表面粗糙度符号"，或单击【注释】工具栏上的【表面粗糙度符号】按钮 √，系统将打开图 9.39 所示的【表面粗糙度】对话框，该对话框中的主要参数意义如下。

【原点】——用于定义表面粗糙度的放置位置。

【指引线】——用于设置表面粗糙度的引线的格式。

【属性】——用于设置所标注的表面粗糙度的类型，以及对各参数进行设置。

对于不同的标注形式，其所需标注的参数也不一样，以【修饰符，需要移除材料，全圆符号】类型为例，如图 9.29 所示，其所标注的参数的意义如下。

图 9.39　【表面粗糙度】对话框

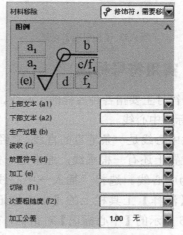

图 9.40　表面粗糙度参数

【a_1、a_2】——表示表面粗糙度值，单位为表面粗糙度等级或微米。

【b】——表示生产方式，处理、涂层或生产流程所含的其他要求。

【c】——表示波峰高度，单位为微米，位于相应的参数符号前，或者表示取样高度，单位为微米。

【d】——表面图形。

【e】——表示加工的公差值。

【f_1、f_2】——表示表面粗糙度值，不同的 Ra，单位为微米，位于相应的参数符号前。

注意：若在所打开的 UG NX 8.0 中找不到该命令，可以通过在 UG 安装文件夹中找到环境变量设置文件"ugii_env.dat"，用记事本的形式打开，找到"UGII_SURFACE_FINISIH=OFF"，将 OFF 改为 ON，并将文件保存后，重新运行该软件。

插入表面粗糙度标注步骤如图 9.41 和图 9.42 所示，在插入的同时设置其指引线和样式，如图 9.43 和图 9.44 所示。

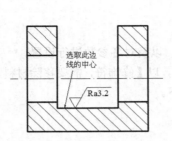

图 9.41 放置符号

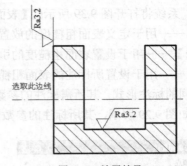

图 9.42 放置符号

图 9.43 【指引线】区域

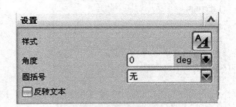

图 9.44 【设置】区域

9.4.3 实用符号标注

实用符号主要指各种各样的中心线、偏移中心点、目标点以及交线符号等。

1．标注中心线

线性中心线是一条笔直的直线，它经过被选择的点或圆弧，在每个位置上还有一根垂线，通常把一条穿越单一的点或圆弧的线称为中心线。选择"插入→中心线→中心标记"命令，或单击【注释】工具栏上的【中心标记】按钮 ⊕，系统将打开图 9.45 所示的【中心标记】对话框，在视图区域选择一圆或圆弧即可生成所选圆或圆弧的中心线。其操作步骤为，先选择上下两边线，如图 9.46 所示，即可生成图 9.47 所示的水平中心线，单击图 9.48 所示的两圆弧即可生成竖直中心线。

图 9.45 【中心标记】对话框

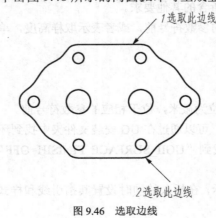

图 9.46 选取边线

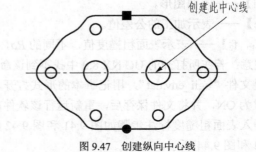

图 9.47 创建纵向中心线

2．标注螺栓圆中心线

该功能用于生成整个螺栓圆或部分螺栓圆的中心线，选择"插入→中心线→螺栓圆"命令，或单击【注释】工具栏上的【螺栓圆中心线】按钮，系统将打开图 9.49 所示的【螺栓圆中心线】对话框，在视图区域选择螺栓圆即可生成所选整螺栓圆或部分螺栓圆的中心线。该对话框提供了【通过 3 个或更多的点】和【中心点】两种方式，其中【通过 3 个或更多的点】指通过指定三点或更多的点，中心点或螺栓圆将通过这些点，这个方法使用户无须指定中心就可以生成螺栓圆，而【中心点】指通过在螺栓圆上指定中心位置以及相关的点来生成中心线，其半径值由中心和第一个点来确定。其操作步骤如图 9.50 所示，选择圆弧即可生成图 9.51 所示的螺栓圆中心线，但注意非整圆时应该逆时针选择点。

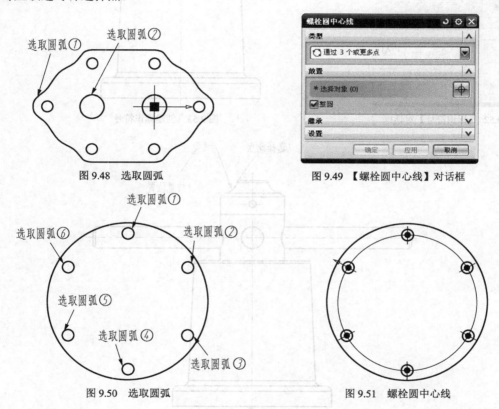

图 9.48　选取圆弧　　　　　　　图 9.49　【螺栓圆中心线】对话框

图 9.50　选取圆弧　　　　　　　图 9.51　螺栓圆中心线

9.4.4　创建标识符号

该功能允许用户创建并编辑各种形式的标识符号，选择"插入→注释→标识符号"命令或单击【注释】工具栏上的【标识符号】按钮，系统将打开图 9.52 所示的【标识符号】对话框，该对话框包括符号图标、文本区域、放置区域、尺寸大小和参数预设置等选项。

欲创建图 9.53 所示的标识符号，其创建步骤如下。

① 首先在对话框中选择符号图标的类型。

② 根据所选符号图标的类型，在文本区域输入标识内容。

③ 对引线的类型和样式以及尺寸的大小等参数进行设置。

④ 在视图区域移动鼠标指针到放置区域后单击鼠即可，如图 9.54 所示。

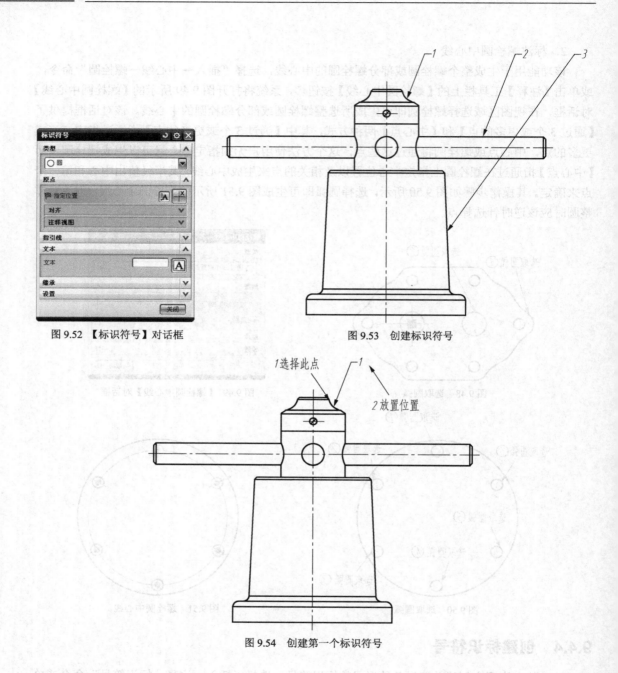

图 9.52　【标识符号】对话框

图 9.53　创建标识符号

图 9.54　创建第一个标识符号

9.5 标题栏和明细表

9.5.1　标题栏的创建

在 UG NX 8.0 制图环境下，标题栏一般需用户自己创建，并且在创建用户自定义的标题栏后，还可以在后续所有使用过程中调用该标题栏。

绘制标题栏表格的主要步骤如下。

① 选择"插入→表格→表格注释"命令，系统打开【表格注释】对话框。

② 在【表格注释】对话框中分别输入表格的列数、行数和列宽，在图纸页上选择合适的位置以放置表格，如图 9.55 所示。

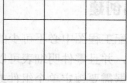

图 9.55 【表格注释】对话框

③ 单击鼠标左键选中上一步骤所绘制的表格，将其全部选中后单击鼠标右键，在系统打开的快捷菜单中选择【 调整大小⒭ 】命令，系统打开"调整行大小警告"对话框，单击【全是】按钮，在系统打开的输入框【 行高度 10.000000 】中输入值"5"可调整行的高度为 5 mm，如图 9.56 所示。

④ 参照上一步骤选中表格后单击鼠标右键，在打开的快捷菜单中选择"单元格样式"命令，系统打开【注释样式】对话框，在该对话框中的【文字】选项卡中的【字符大小】文本框中输入值 3，其余参数保持不变。

单击【单元格】选项卡，在【文本对齐】下拉列表中选择▤（中心）选项，在【边界】区域中单击▤（中间）按钮，然后从线宽下拉列表中选择线型为细线，可得到图 9.57 所示的表格。

图 9.56 调整行高后的表格

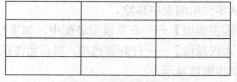

图 9.57 编辑后的表格

⑤ 如图 9.58 所示，将鼠标左键移至表格的左上角第一个格，双击后在打开的对话框中输入文本"设计"，然后按方向键分别在打开的输入框中输入"校对"、"审核"、"批准"，可得到图 9.59所示的表格。

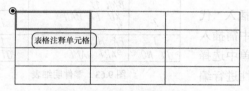

图 9.58 调整行高后的表格

图 9.59 编辑后的表格

⑥ 重复上述步骤，并查制图标准后可得到图 9.60 所示的标题栏。

							图样标记	重量	比例
标记	处数	更改文件号	签字	日期					
设计							共　　页		第　　页
校对									
审核							××××有限责任公司		
批准									

图 9.60　标题栏

9.5.2　明细表的创建

零件明细表是装配工程图中必不可少的一种表格，在 UG NX 8.0 中零件明细表是依据装配导航器的组件来产生的，并且零件明细表可以设置为随装配的变化而自动更新，或者将更新限制为按需更新，还可以根据需要锁定单个组件或重新进行编号。

选择"插入→表格→零件明细表"命令，在图样的合适位置单击鼠标左键以放置表格，如图 9.61 所示。

选中零件明细表左上角的小方块后单击鼠标右键，在打开的快捷菜单中选择"编辑级别"命令，系统打开图 9.62 所示的【编辑级别】对话框，该对话框中的主要按钮意义如下。

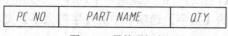

图 9.61　零件明细表

图 9.62　【编辑级别】对话框

【 选择/取消选择子装配】——选择该选项后，每个组件都将作为子装配进行选择或取消选择，关闭该选项后，则在选择时只将单个组件添加到零件明细表中，或者在取消选择时只将单个组件从零件明细表中移除。

【 主模型】——在主模型装配中，如果打开该选项，将忽略顶级装配。

【 仅顶级】——打开该选项，则只允许在零件明细表中显示没有衍生组件的组件，此时非组件成员将继续显示。

【 确定】——保存设置并退出。

【 取消】——不保存设置并退出。

单击【编辑级别】对话框中的【主模型】按钮，即可以在现有的装配工程图中生成明细表，如图 9.63 所示。

用户还可以根据需要对该表格进行编辑，如插入"代号"列和插入"材料"列等，其操作步骤为：选中需插入表格的前 1 列，单击鼠标右键，在打开的快捷菜单中选择"镶块→在右侧插入列"命令，再对其表格的属性进行编辑即可。

9	ZHU SAI	1
8	TIAN LIAO YA GAI 6	1
7	CHEN TAO	1
6	DIAN PIAN 9	1
5	FA GAI 11	1
4	DIAN PIAN 12	1
3	SHAG FA BAN 13	1
2	XIA FA BAN 14	1
1	FA TI 10	1
PC NO	PART NAME	QTY

图 9.63　零件明细表

9.6 机械零件工程图创建实例

9.6.1 工程图创建实例 1

【例 9.1】 图 9.64 所示的传动轴模型，创建工程图样。

图 9.64 传动轴模型

① 启动 UG NX8.0 软件，在 UG NX Sample 文件夹中打开 cha9\axis1.prt，选择"开始→制图"命令，进入【制图】环境。

② 设置图纸幅面为 A3，比例为 1:1，在【投影】选项下选择第 1 视角，选择"插入→视图→基本"命令，在【基本视图】对话框中的【要使用的模型视图】下拉列表中选择【俯视图】选项后，在图纸区域合适位置单击鼠标左键，即可向图纸中添加俯视图，如图 9.65 所示。

③ 选择"插入→视图→剖视图"命令，在视图区域中选择前一操作所创建的俯视图作为父视图，则剖切线和剖切方向立即显示，并随光标移动，选择传动轴的中心线后系统提示指定剖切位置，在视图区域指定右侧链槽的边线的中点位置，如图 9.66 所示。

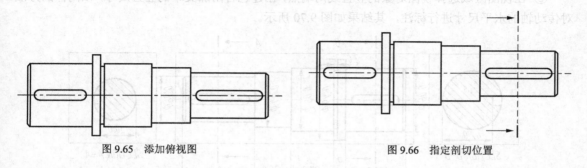

图 9.65 添加俯视图　　　　　　　　　图 9.66 指定剖切位置

④ 向右移动鼠标指针到合适位置，单击鼠标左键，即可建立剖视图，以同样的方式在图纸左侧建立另一键槽中点处的剖视图，如图 9.67 所示。

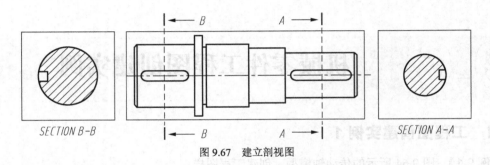

图 9.67　建立剖视图

⑤　选择"插入→尺寸→竖直"命令，打开【竖直尺寸】工具条。如图 9.68 所示。在视图区域选择左侧圆柱的上下两条边，再单击工具条中的【文本】按钮 $\boxed{\text{A}}$，进入到【文本编辑器】对话框，在该对话框中选择【之前】按钮 $\boxed{\text{◄12}}$，在【制图符号】选项卡中选择【直径】按钮 $\boxed{\emptyset}$，单击【确定】按钮，退出【文本编辑器】对话框，如图 9.69 所示。

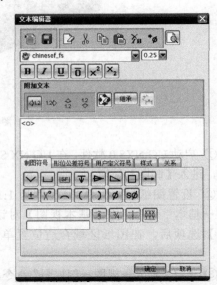

图 9.68　【竖直尺寸】工具条

图 9.69　【文本编辑器】对话框

⑥　在视图区域选择视图对象的竖直线两端点，创建包含附加文本的竖直尺寸，以同样的方法对传动轴的水平尺寸进行标注，其结果如图 9.70 所示。

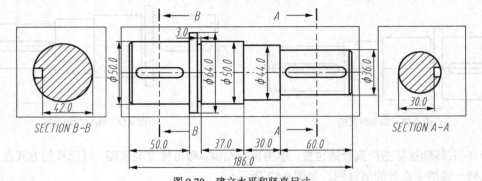

图 9.70　建立水平和竖直尺寸

　　⑦ 选择"插入→尺寸→倒斜角"命令，对传动轴的倒角尺寸进行标注，分别选择传动轴左右两侧的倒角，在合适位置单击鼠标左键即可，其结果如图9.71所示。

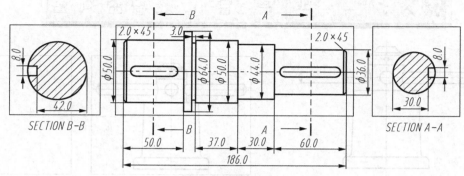

图9.71　建立倒角尺寸

9.6.2　工程图创建实例 2

　　【例9.2】　为图9.72所示的螺旋千斤顶模型创建工程图样。

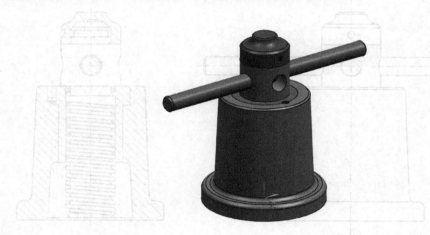

图9.72　螺旋千斤顶

　　① 启动 UG NX8.0 软件，在 UG NX Sample 文件夹中打开 cha9\qjd_asm.prt，选择"开始→制图"命令，进入【制图】环境。

　　② 设置图纸幅面为 A2，比例为 1:1，在【投影】选项下选择第 1 视角，选择"插入→视图→基本视图"命令，在【基本视图】对话框中的【要使用的模型视图】下拉列表中选择【右视图】选项后，在图纸区域合适位置单击鼠标左键，即可向图纸中添加右视图。

　　③ 选择"插入→视图→剖视图"命令，系统打开【剖视图】工具栏。在视图区域中选择前一操作所创建的右视图作为父视图，则剖切线和剖切方向立即显示，并随光标移动，选择螺钉的中心后系统提示指定剖切位置，在【设置】选项组中单击【非剖切组件/实体】按钮，选择不剖切的组件，如图9.73所示。

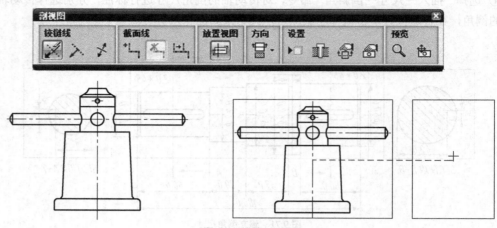

图 9.73　添加右视图

④ 向右移动鼠标指针到合适位置，单击鼠标左键，即可建立剖视图，如图 9.74 所示。

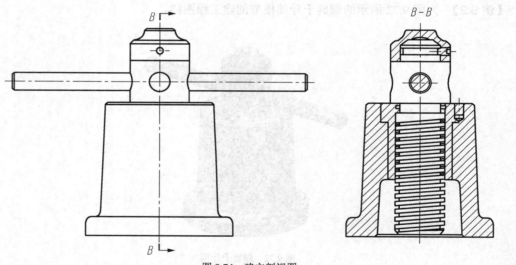

图 9.74　建立剖视图

⑤ 选择"插入→尺寸→竖直"命令，打开【竖直尺寸】工具栏，如图 9.75 所示。在视图区域选择视图对象的竖直线两端点，以同样的方法对底座的水平尺寸进行标注，利用标志符号命令为各组件添加标识，利用表格命令添加标题栏和明细表，如图 9.76 所示。

图 9.75　【竖直尺寸】工具条

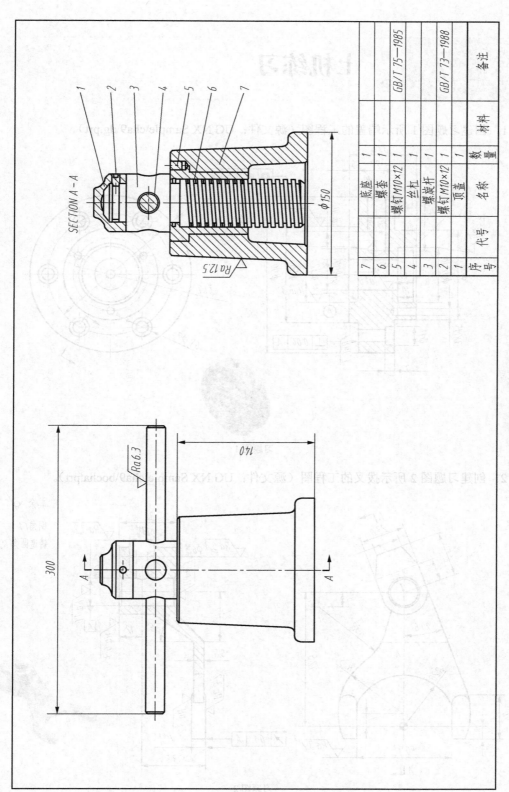

图 9.76 螺旋千斤顶工程图

序号	代号	名称	数量	材料	备注
7		底座	1		
6		螺套	1		
5		螺钉 M10×12	1		GB/T 75—1985
4		丝杠	1		
3		螺旋杆	1		
2		螺钉 M10×12	1		GB/T 73—1988
1		顶盖	1		

9.7 上机练习

1. 创建习题图 1 所示端盖的工程图（源文件：UG NX Sample\cha9\dg.prt）。

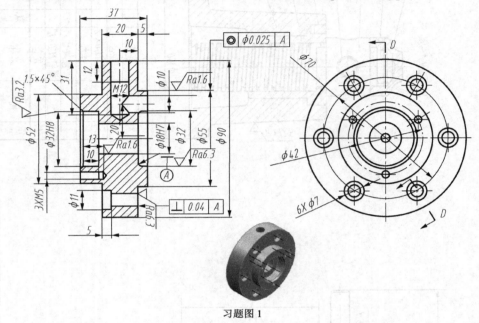

习题图 1

2. 创建习题图 2 所示拨叉的工程图（源文件：UG NX Sample\cha9\bocha.prt）。

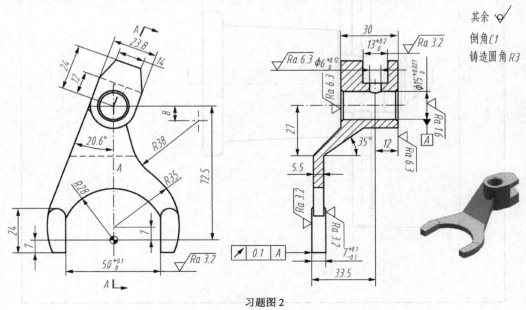

习题图 2

参 考 文 献

[1] 洪如瑾.UG NX6 CAD 快速入门指导[M].北京：清华大学出版社，2009.

[2] 王兰美，魏峥.UG NX 基础与实例应用[M].北京：清华大学出版社，2010.

[3] 洪如瑾.UG NX6 CAD 进阶培训教程[M].北京：清华大学出版社，2009.

[4] 王世刚，胡清明.UG NX8.0 机械设计入门与应用实例[M].北京：电子工业出版社，2012.

[5] 展迪优.UG NX8.0 工程图教程[M].北京：机械工业出版社，2012.

参考文献

[1] ……UG NX6 CAD……[M].北京：清华大学出版社，2008.
[2] 王……UG NX……[M].北京：清华大学出版社，2010.
[3] ……UG NX6 CAD……[M].北京：清华大学出版社，2009.
[4] ……UG NX8.0……[M].北京：机械工业出版社，2012.
[5] ……UG NX8.0……[M].北京：化学工业出版社，2012.